普通高等教育"十二五"系列教材

普通高等教育基础力学课程教学改革系列教材

工程力学简明教程

主编 孙双双

参编 刘文秀　袁向丽　朱惠华

机械工业出版社

本书按教育部高等学校工科工程力学中、少学时教学基本要求和全国各高校中、少学时实际执行教学大纲综合编写而成,适用 50 ~ 60 学时。

在编写过程中,编者结合多年来"工程力学"课程的教学实践,本着突出重点、简化理论推导、注重实用、易讲易学的原则,力图做到用有限的学时使学生掌握最基本的经典内容,能够解决简单的实际工程问题。

全书分静力学篇和材料力学篇两部分。静力学篇包括静力学基础、平面基本力系、平面一般力系和空间力系;材料力学篇包括材料力学概述、轴向拉压与剪切、扭转、平面弯曲、应力状态和强度理论、组合变形和压杆稳定等内容。

本书可用于冶金、化工、地矿、测绘、安全、包装、印刷等专业本科中、少学时以及大专院校的专科教学,亦可作为成人教育及工程技术人员的参考用书。

图书在版编目(CIP)数据

工程力学简明教程/孙双双主编 . —北京:机械工业出版社,2013.4
(2023.8 重印)

普通高等教育"十二五"系列教材　普通高等教育基础力学课程教学改革系列教材

ISBN 978-7-111-41840-5

I. ①工… Ⅱ. ①孙… Ⅲ. ①工程力学—高等学校—教材 Ⅳ. ①TB12

中国版本图书馆 CIP 数据核字(2013)第 051711 号

机械工业出版社(北京市百万庄大街 22 号　邮政编码 100037)
策划编辑:李永联　责任编辑:李永联　任正一
版式设计:潘　蕊　责任校对:佟瑞鑫
封面设计:马精明　责任印制:单爱军
北京虎彩文化传播有限公司印刷
2023 年 8 月第 1 版第 10 次印刷
169mm×239mm · 13 印张 · 250 千字
标准书号:ISBN 978-7-111-41840-5
定价:29.00 元

电话服务　　　　　　　网络服务
客服电话:010-88361066　机 工 官 网:www.cmpbook.com
　　　　　010-88379833　机 工 官 博:weibo.com/cmp1952
　　　　　010-68326294　金 书 网:www.golden-book.com
封底无防伪标均为盗版　机工教育服务网:www.cmpedu.com

前　　言

本书按教育部高等学校工科工程力学中、少学时教学基本要求和全国各高校中、少学时实际执行教学大纲综合编写，可适用于冶金、化工、地矿、测绘、安全、包装、印刷等专业本科中、少学时以及大专院校的专科教学，亦可作为成人教育及工程技术人员参考用书。

本书在编写过程中，编者结合多年来"工程力学"的教学实践，本着突出重点、简化理论推导、注重实用、易讲易学的原则，力图做到用有限的学时使学生掌握最基本的经典内容，可以解决简单的实际工程问题。本书具有以下几个特点：

1. 采用由浅入深、由简单到复杂循序渐进的次序编写，便于学生理解和掌握。

2. 加强了基本概念、基本理论和基本方法的讲述，对于平面一般力系、轴向拉压的强度计算、扭转的强度和刚度计算、弯曲的内力图和弯曲的强度计算、压杆稳定等主要内容作了重点讲述。

3. 对主要力学术语作了英文注释，以增加学生力学专业英语词汇量，有利于国际化人才的培养。

4. 精选了每章例题、课后习题，并附加相应思考题，以培养学生独立思考能力，还附有习题答案。

全书内容分静力学篇和材料力学篇两部分，共11章。参加编写人员有：孙双双（第3，5，8章，附录A，B）、刘文秀（第4，9，10章）、袁向丽（第2，7，11章）、朱惠华（第1，6章），由孙双双负责统稿。

本书在编写过程中参阅了各兄弟院校的优秀教材，在此致以衷心的感谢。

由于编者水平有限和编写时间仓促，书中难免有纰漏，衷心希望读者批评指正。

编　者

目　　录

第2篇　材料力学

绪　　论

1. 工程力学的研究内容

工程力学涉及众多的力学学科，所包含的内容极其广泛，本书只介绍静力学和材料力学两部分内容。

静力学主要研究物体在力系作用下的平衡规律，包括物体的受力分析、力系的简化以及各种力系平衡条件的建立。

材料力学是研究物体受力后的内在表现（即变形规律和破坏特征）的学科，主要围绕强度、刚度和稳定问题研究。

2. 工程力学的研究对象

实际工程中，构件在外载的作用下，几何形状和尺寸都会发生改变，这种变化称为变形。发生形状和尺寸改变的构件称为**变形体**。但在处理实际工程问题时，构件的变形是否考虑需根据具体情况而定。在静力学中，构件在外载作用下产生的变形都比较小，几乎不影响构件的受力，因而可以忽略掉这种变形，此时可将物体简化为刚体，即在外载的作用下其内部任意两点之间的距离始终保持不变。这是一种理想化的模型。而材料力学是研究作用在物体上的力与变形的规律。这时，即使变形很小，也不能忽略，因而，材料力学的研究对象是变形体。但是在研究变形问题过程中，当涉及平衡问题时，大部分情况下仍可用刚体模型。

3. 工程力学的研究方法

工程力学的研究方法主要有两种：理论方法和实验方法。

理论方法包括：

1）人们通过观察生活和生产实践中的各种现象，进行多次的科学实验，经过分析、综合和归纳，总结出力学的基本规律。例如：远在古代，人们为了提水制造了辘轳；为了搬运重物，使用了杠杆、斜面和滑轮等。制造和使用这些生活和生产工具，使人类对于机械运动有了初步的认识，并积累了大量的经验，经过分析、综合和归纳，逐渐形成了如"力"和"力矩"的基本概念，以及"二力平衡"、"杠杆原理"等力学的基本规律。

2）在对事物观察和实验的基础上，经过抽象化建立力学模型，形成概念，在基本规律的基础上，经过逻辑推理和数学演绎，建立理论体系。如在静力学中，忽略物体的微小变形，把物体简化为刚体；在材料力学中，轴向拉压杆件受轴向力作用的平面假设等。这种抽象化、理想化的方法，既简化了所研究的问题，同时也更深刻地反映了事物的本质。

3）将理论用于实践，在解释世界、改造世界中不断得到验证和发展。

所谓实验法，就是以实验手段对各种力学问题进行分析研究，得到第一性的认识并总结出规律（定理、定律、公式、理论），建立以力学模型为表征的理论，并为解决工程问题做出贡献。例如：在静力学中，通过实验可测得两种材料的摩擦因数，在动力学中，通过实验可以测得刚体的转动惯量等；在材料力学中，材料的力学性能可以通过实验测定。另外，经过简化得出的结论是否可信，也要由实验来验证。还有一些尚无理论结果的问题需借助实验方法来解决。因此，理论研究和实验方法同是工程力学解决问题的方法。

4. 工程力学与工程实际的关系

力学和天文学一起是最早形成的两门自然科学。17 世纪牛顿奠定了经典力学的基础，以后得到快速发展，到 19 世纪末，力学已发展到很高的水平，并从此开始了与工程技术问题的结合。

20 世纪，由于力学的参与而得以形成的工程或技术科学有：航空航天技术科学、船舶工程科学、土木工程科学（包含水力工程）、机械工程科学、运输工程科学、能源技术科学、海洋科学、地矿科学以及兵器工程科学等。

进入 21 世纪以来，诸多高新技术无不与力学密切相关，如我国近几年有：长江三峡工程、杭州跨海大桥、动车组提速、嫦娥奔月、神七飞天等。总之，力学在诸多工程技术的发展中起着重要甚至是关键的作用，对人类文明发展起了极大的推动作用。

第 1 篇　静　力　学

第1章　静力学基础

本章首先介绍静力学的基本概念和基本原理，然后说明工程中常见的各种约束和约束力的确定方法，最后介绍物体的受力分析和受力图的画法。受力图是分析力学问题的基础，也是本章的重点内容。

1.1　静力学基本概念

1. 力及其相关概念

力（force）是物体与物体之间的相互机械作用，这种作用使得物体运动状态或者形状发生改变。

力的概念是人们在长期的生产、生活实践中建立起来的。力对物体产生的效应有两种：① 外效应，这种效应使得物体的运动状态发生改变；② 内效应，这种效应使得物体的形状发生改变。

力的三要素是力的大小、方向和作用点。这三者决定了力对物体的作用效应。力的大小表示机械作用的强弱程度，可以通过物理方法进行测定。在国际单位制中，力的常用计量单位是牛［顿］（N）。力的方向就是力作用的方位和指向。力的作用点就是力作用的位置。

力既有大小又有方向，这样的物理量称为**矢量**或**向量**。力的表示方法如图1-1所示。力的方向用带箭头的有向线段来体现。力的大小用线段的长度来表示。力的作用点用线段的起点或者终点来体现。

力矢量符号是粗斜体字母 F。若作用在物体上的力有多个，可用下标来区分不同的力。如图1-1中的力也可以记作 F_A，其中 A 表示力的作用点。力的大小用 F 来表示。

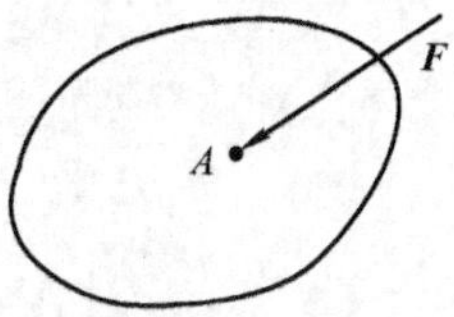

图　1-1

一般情况下，作用在一个物体上的力往往不止一个。**作用在物体上的一群力称为力系**。如果作用在物体上的一群力可以用另一群力来替代，而对物体的作用效应保持一致，这样的两个力系称为**等效力系**。如果作用在物体上的一个力系可以用一个力来替代，而对物体的作用效应不变，则这个力称为该力系的**合力**。

2. 刚体

严格来说，在研究一个力学问题时，既要考虑力对物体产生的运动效应，也要考虑力的变形效应。但在有些工程问题中，物体的变形非常微小，对于整个问题的影响可以忽略不计，因此，在研究这样的力学问题的时候，可以仅考虑力对物体产生的运动效应而忽略其变形效应，即认为被研究的物体是刚体。**刚体就是在力的作用下形状不发生改变的物体**。把物体作为刚体来处理，将大大简化某些问题的研究过程。实践证明，很多情况下这样的简化是可以满足工程实际问题的要求的。

在本书中，静力学部分都把物体作为刚体来处理，而在材料力学部分，物体的变形效应就必须考虑了。

3. 平衡

平衡就是指物体处于静止或者匀速直线运动状态。这是物体机械运动的一种特殊情况，也是一种常见情况。静力学部分主要研究物体的平衡问题。材料力学部分虽然研究的是物体的变形效应，但也是以平衡分析为基础的。

当物体处于平衡状态时，作用在该物体上的全部力构成一个**平衡力系**。

1.2 静力学基本公理

本节主要阐述静力学的五个基本公理。这五个公理是人们在长期的观察和实践中总结出来的关于力的性质的概括和总结，是分析静力学问题的基础。

公理一 二力平衡公理

作用在同一刚体上的两个力，使刚体平衡的必要和充分条件是：这两个力大小相等、方向相反、作用线在同一条直线上。

如图1-2a所示，设某刚体仅在A，B两点分别受到力的作用而平衡，则根据公理一，这两个力必然大小相等、方向相反、作用线均在A，B两点的连线上。这两个力的矢量关系可以用矢量式表示为

$$\boldsymbol{F}_A = -\boldsymbol{F}_B$$

如果用F_A和F_B分别表示这两个力的大小，则其大小关系可以用代数式表达为

$$F_A = F_B$$

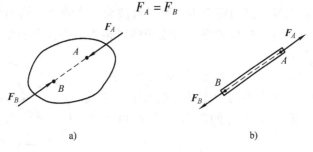

a)   b)

图 1-2

这样的两个力构成最简单的一种平衡力系。

工程中把这种受两个力作用而平衡的物体称为**二力体**。如果这个二力体是一个杆件，又称为**二力杆**，如图 1-2b 所示。

公理二　加减平衡力系公理

在作用于刚体上的一个力系中，加上或者减去一个平衡力系，不改变原力系对该刚体的作用效应。

这个公理是力系简化的理论依据。

根据这一公理，可以推导出作用在刚体上的力的一个重要性质——**力的可传性**。

某刚体在 A 点受到一个力 F_A 的作用，如图 1-3a 所示。在 F_A 所在的直线上任选一个刚体内部的点 B，在该点施加一对平衡力 F_1 和 F_B，且满足 $F_A = F_B = -F_1$，如图 1-3b 所示。根据公理二可知，图 1-3b 所示的三个力与图 1-3a 所示的一个力对刚体的作用效应是一样的。进一步地，由于力 F_A 和 F_1 也构成一对平衡力系，根据公理二，力 F_A 和 F_1 又可以作为一个力系从 F_A，F_1，F_B 三者构成的力系当中减去，而对刚体的作用效应没有任何影响。这样，在刚体上就只留下了一个力 F_B，如图 1-3c 所示。比较图 1-3a 和图 1-3c 可以看到，原来力 F_A 与 F_B 作用在刚体上的不同点，而对刚体的作用效应一样，**即作用在刚体上一点的力沿其作用线移动到同一刚体内部的任一点，而不改变力对刚体的作用效应。**

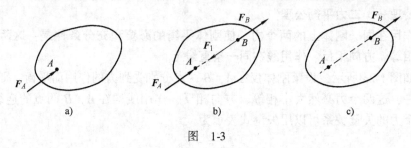

图　1-3

公理三　力的平行四边形法则

作用在物体上某一点的两个力，可以合成为一个合力。合力的大小和方向由以这两个力为邻边所构成的平行四边形的对角线的方向和长度来体现，合力的作用点就是该点。

如图 1-4 所示，物体上 A 点作用有两个力 F_1 与 F_2，根据公理三，其合力为图中平行四边形对角线所示的力 F_R。这三个力之间的矢量关系可以表示为：

$$F_R = F_1 + F_2 \qquad (1-1)$$

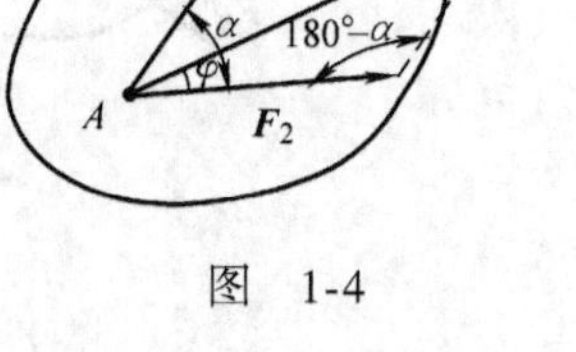

图　1-4

根据余弦定理，可以确定合力 F_R 的大小

$$F_R = \sqrt{F_1^2 + F_2^2 - 2F_1F_2\cos(180-\alpha)} \tag{1-2}$$

根据正弦定理，可以确定合力 F_R 的方向

$$\frac{F_R}{\sin(180°-\alpha)} = \frac{F_1}{\sin\varphi} = \frac{F_2}{\sin(180°-\alpha-\varphi)} \tag{1-3}$$

力的平行四边形法则为力系的简化与合成提供了理论基础。根据公理一和公理三，还可推导出三力平衡汇交定理，即**如果刚体受三个力作用而处于平衡状态，若其中两个力的作用线交于一点，则第三个力的作用线必通过该点，且这三个力在同一平面内。**证明过程略。这一定理可以用于力的方向判断，在物体受力分析中有较多应用。

公理四　作用和反作用定律

两个物体之间的作用力和反作用力总是同时存在的，二者大小相等、方向相反、作用线在同一条直线上，分别作用在这两个物体上。

公理四说明，两个物体之间的作用力与反作用力总是成对出现的。在进行系统受力分析时必须注意这一原则。

公理五　刚化公理

如果一个变形体在某力系作用下处于平衡状态，则将此变形体刚化为刚体，其平衡状态保持不变。

公理五说明，处于平衡状态的变形体可以作为刚体来处理，进而对其进行刚体静力学的分析。如图 1-5a 所示，一根弹簧在一对拉力 F_1 和 F_2 的作用下处于平衡状态。根据公理五，将该弹簧视为一个刚性杆，如图 1-5b 所示，则该杆在拉力 F_1 和 F_2 的作用下仍处于平衡状态。

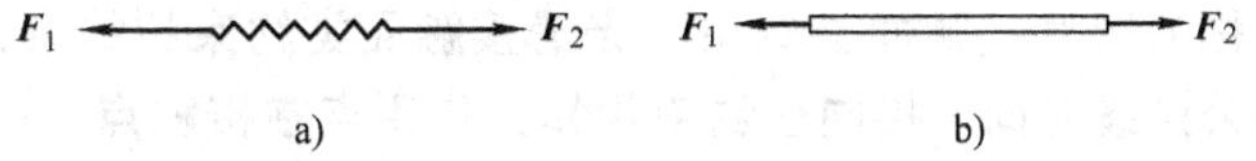

图　1-5

需要注意的是，刚体的平衡条件是变形体平衡的必要条件，而非充分条件。

1.3　约束和约束力

1. 自由体和非自由体的概念

在空间中的运动方向不受限制的物体，称为自由体，如在天空飞翔的小鸟、在宇宙遨游的人造卫星等。**在空间中的运动方向受到限制的物体，称为非自由体**，如放在桌面的水杯、在公路上行驶的车辆等。在日常生活和工程实际中，绝大多数物体都是非自由体。

2. 约束和约束力的概念

非自由体在运动上所受到的限制，通常来自与之相接触的周围物体。**对非自由体的位移起限制作用的周围物体，称为约束**。对放在桌面的水杯来说，桌面就是它的约束。对在公路上行驶的车辆来说，路面就是约束。由于约束阻碍了物体的运动，所以二者之间必然存在相互作用力。**约束对被约束物体的作用力，称为约束力**。约束力的方向总是与物体被限制位移的方向相反，作用点一般在二者的接触点，而其大小则需要根据进一步的力学分析（如平衡分析等）来确定。

3. 几种常见约束及其约束力的确定

在力学分析中，物体受到的约束是多种多样的，下面介绍几种工程中常见的约束类型及其约束力的特点。

（1）柔索类约束　绳索、传动带、链条等柔性物体只能承受拉力而不能承受压力，因此，**柔索类约束的约束力的方向总是沿着柔索、背离物体**，作用点在连接点或假想分割点，一般用符号 F_T 表示，如图 1-6 所示。

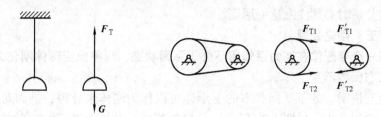

图　1-6

（2）光滑接触面类约束　当物体与相接触的表面之间的摩擦可以忽略不计时，其约束就称为光滑接触面类约束。**光滑接触面类约束的约束力的方向总是沿着接触面的公法线方向，指向被约束物体**，作用点在接触点，一般用符号 F_N 表示，如图 1-7 所示。

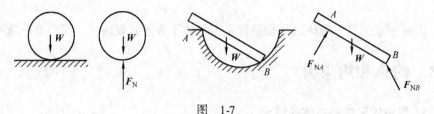

图　1-7

（3）光滑圆柱铰链类约束　光滑圆柱铰链类约束的实质，仍然是光滑接触面类约束。由于此类约束在工程中应用广泛，且其约束力的方向判定较复杂，这里作为一个大类，单独给出有关分析过程和结果。

　　如果两个物体之间通过圆柱形的销钉（**铰链**）来连接，二者或其中一个可以绕销钉转动，则在忽略摩擦的前提下，称这类约束为**光滑圆柱铰链约束**。根据相对运动形式的不同，光滑圆柱铰链类约束可分为如下三种：

　　1）中间铰链：如图 1-8a 所示为工程中常见的一种结构，由两个杆件与一光滑圆柱铰链连接而成（图 1-8b），两个杆件均可绕圆柱铰链转动。这种圆柱铰链就称为**中间铰链**。在力学分析中，这种结构一般用如图 1-8c 所示的简单图形来表示。该结构中任一杆件与中间铰链之间的连接实质是光滑接触面约束，因此，一定具有这类约束的共同特点，即约束力的方向沿着接触面的公法线方向。但是，由于物体与中间铰链的接触点位置不能预先确定，所以其接触反力的方向不能完全确定。因此，**中间铰链的约束力是一个通过铰链中心、方向待定的力**。在工程上，一般用一对通过铰链中心的正交分力 F_x 和 F_y 来表示中间铰链的约束力，如图 1-8d 所示。

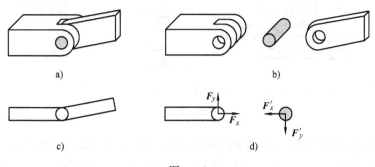

图　1-8

　　2）固定铰支座：图 1-9a 所示为工程中常见的另一种结构，由两个构件与一个中间铰链连接而成（图 1-9b），其中一个构件固定在地面或静止的物体上，这个固定构件就称为**固定铰支座**。在力学分析中，该结构一般用如图 1-9c 所示的简单图形来表示。物体与固定铰支座之间仍然通过两个光滑圆柱面的接触连接，因此，**固定铰支座的约束力也是一个通过铰链中心、方向待定的力**。在工程上，也用一对通过铰链中心的正交分力 F_x 和 F_y 来表示固定铰支座的约束力，如图 1-9d 所示。

　　3）活动铰支座：如果铰支座与固定面之间通过几个辊轴相连接，就称为**活动铰支座**，如图 1-10a 所示。在力学分析中，该结构一般用如图 1-10b 所示的简单图形来表示。与活动铰支座相连的物体，只能沿着固定面方向移动和绕着铰链中心转动，而不能发生垂直于固定面方向的移动。因此，**活动铰支座的约束力总是垂直于支承面且通过铰链中心**，如图 1-10c 所示。

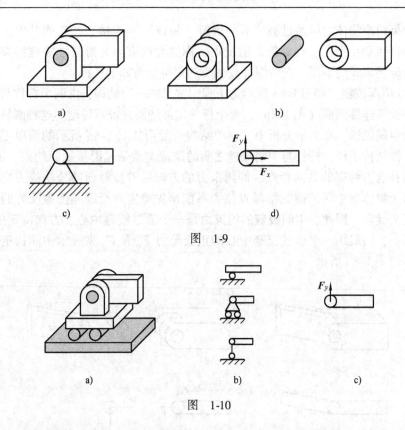

图　1-9

图　1-10

（4）**固定端约束**　如果物体的一端插入某个固定不动的物体内部，这样的约束称为**固定端约束**，如图 1-11a 所示。受固定端约束的物体，在插入点处不能有任何位移。因此，固定端约束的约束力包括一个约束力和一个约束力偶，一般用一对正交分力 F_x 和 F_y 和约束力偶 M 来表示，如图 1-11b 所示。

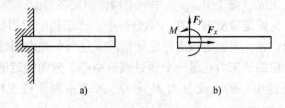

图　1-11

1.4　受力分析和受力图

1. 受力分析和受力图

在研究一个力学问题时，首先要选择一个物体作为研究对象，然后对该物体进行**受力分析**。受力分析的具体内容就是确定研究对象受几个力作用，进而确定各个力的方向和作用点。

为了明确表示受力分析的结果，就要把研究对象从周围物体中独立出来，单独画出它的图形——**分离体**，然后把它所受的全部力以简明的图形表示出来，这样的图形就是**受力图**。

2. 画受力图的步骤

受力图是进行进一步的力学分析的重要基础，也是本章的核心内容。为了正确地画出物体的受力图，往往将物体所受的全部力分为两类，一类是主动力，如重力、风力、压力等，另一类是约束力，即物体受到的来自约束的作用力。

画受力图的主要步骤如下：

1）选择研究对象；

2）画出分离体；

3）画出主动力；

4）画出约束力。

3. 画受力图需要注意的几个问题

1）既不要多画力，也不要漏画力。主动力要按照题意来画，既不多画也不漏画。约束力来自物体所受的约束，物体与外界有几个接触点就有几个约束力；

2）约束力要严格按照约束类型来画；

3）画两个物体之间的作用力与反作用力的时候要满足作用与反作用定律；

4）注意二力平衡公理和三力平衡汇交定理的应用；

5）系统内部各物体之间的相互作用力——内力不要出现在系统受力图上。

例 1-1 已知结构如图 1-12a 所示，重为 W 的球 O 置于杆 AB 与墙之间，A 点是固定铰支座，若不计摩擦和杆 AB 的自重，试画出杆 AB 和球 O 的受力图。

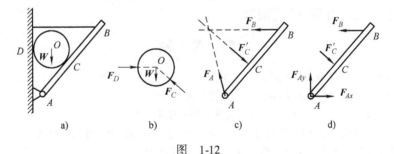

图　1-12

解　（1）研究球 O：画分离体，添加主动力 W，C，D 两点均为光滑接触面约束，画出约束力 F_C 和 F_D，如图 1-12b 所示。

（2）研究杆 AB：画分离体，B 点为柔索类约束，画上约束力 F_B，C 处与球 O 接触，其约束力是 F_C 的反作用力 F_C'，A 点是固定铰支座，约束力 F_A 的方向根据三力平衡汇交定理作出，如图 1-12c 所示。另外，A 点的约束力也可画成一对正交分力 $\boldsymbol{F}_{Ax}$ 和 $\boldsymbol{F}_{Ay}$，如图 1-12d 所示。

例1-2 已知连续梁结构如图 1-13a 所示，杆 AC 在 AB 段受均布载荷 $\boldsymbol{q}$ 作用，杆 CE 在 D 点受集中力 $\boldsymbol{F}$ 作用，A 点是固定铰支座，B，C 两点是活动铰支座，不计摩擦和各杆自重，试画出各杆和系统的受力图。

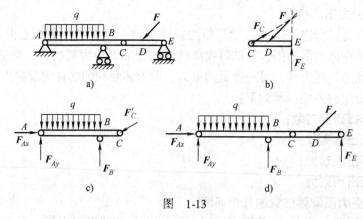

图 1-13

解 （1）研究杆 CE：画分离体，添加主动力 $\boldsymbol{F}$，E 点是活动铰支座，画出约束力 $\boldsymbol{F}_E$，C 点是中间铰链，约束力 $\boldsymbol{F}_C$ 的方向根据三力平衡汇交定理作出，如图 1-13b 所示。

（2）研究杆 AC：画分离体，添加主动力——均布载荷 $\boldsymbol{q}$，C 处与杆 CE 连接，其约束力是 $\boldsymbol{F}_C$ 的反作用力 $\boldsymbol{F}'_C$，B 点是活动铰支座，画出约束力 $\boldsymbol{F}_B$，A 点是固定铰支座，将约束力 $\boldsymbol{F}_A$ 画成一对正交分力 $\boldsymbol{F}_{Ax}$ 和 $\boldsymbol{F}_{Ay}$，如图 1-13c 所示。

（3）研究系统：添加主动力 $\boldsymbol{F}$ 和均布载荷 $\boldsymbol{q}$，在 A，B，E 三处添加约束力，如图 1-12d 所示。在杆 CE 和杆 AC 的受力图中出现的约束力 $\boldsymbol{F}_C$ 和 $\boldsymbol{F}'_C$ 属于系统内力，在系统受力图中不需画出。

思 考 题

1-1 哪几条公理或推论只适用于刚体？

1-2 二力平衡条件同作用和反作用定律有何不同？

1-3 "合力一定大于分力"，这种说法对吗？举例说明。

1-4 作用在刚体上的三个力处于平衡状态时，这三个力的作用线是否在同一平面内？若作用在刚体上的三个力汇交于一点，该刚体是否一定平衡？

1-5 一矿井升降笼重为 P，罐笼中装有重为 G 的重物 m，罐笼处于平衡状态，如思考题 1-5 图所示，试分析牵引绳、罐笼和重物各受哪些作用？其中哪些力是作用力与反作用力？哪些力组成平衡力系？

1-6 如思考题 1-6 图所示的三角架结构，如果作用于杆 AB 中点的铅垂力 $\boldsymbol{F}$ 沿其作用线移到杆 BC 的中点，那么 A，C 处支座的约束力的方向是否不变？

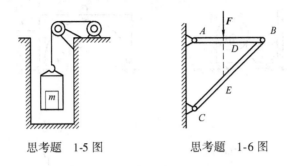

思考题　1-5 图　　　　思考题　1-6 图

习　题

下列各题中，接触面均假定为光滑接触，凡未标记自重的物体，自重不计。

1-1　试画出习题 1-1 图中各物体的受力图。

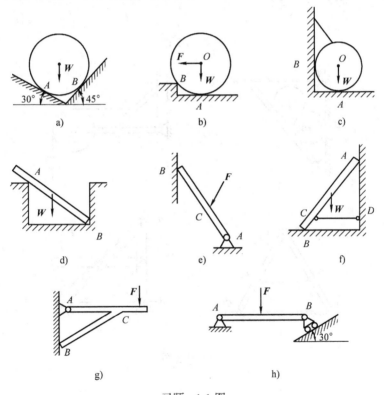

习题　1-1 图

1-2　试分别画出习题 1-2 图中各物体及系统的受力图。

1-3　画出习题 1-3 图中各物体和系统的受力图。

1-4　习题 1-4 图中所示的连续梁 *ABC* 受均布载荷 *q* 和集中力 *F* 作用，*A* 点是固定端约束，*B* 点是中间铰链，不计摩擦和各杆自重，试画出 *AB*，*BC* 各杆和系统的受力图。

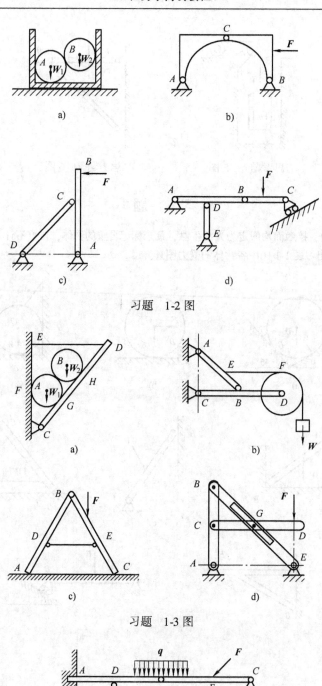

习题 1-2 图

习题 1-3 图

习题 1-4 图

第 2 章　平面基本力系

本章将研究平面汇交力系、平面力偶系的合成与平衡问题，它是研究复杂力系的基础。

2.1　平面汇交力系合成与平衡的几何法

力系中各力的作用线都在同一平面内且汇交于一点的力系，称为**平面汇交力系**（coplanar concurrent forces）。

1. 平面汇交力系合成的几何法

对两个共点力的合成可由平行四边形法则或三角形法则来合成。对由多个力组成的平面汇交力系，可连续用力三角形法则求其合力。如图 2-1 所示，设刚体上作用一平面汇交力系 F_1，F_2，F_3 和 F_4，作用线汇交于点 O。现在用力三角形法则求其合力。选任意一点 A，按选定比例尺作矢量 $\overrightarrow{AB}$ 代表 F_1，从 B 点作矢量 $\overrightarrow{BC}$ 代表 F_2。于是矢量 $\overrightarrow{AC}$ 即表示力 F_1，F_2 的合力 F_{12}。再从 C 点作矢量 $\overrightarrow{CD}$ 代表 F_3。于是，矢量 $\overrightarrow{AD}$ 即表示力 F_{12} 和 F_3 的合力；继续从 D 点作矢量 $\overrightarrow{DE}$ 代表 F_4，得到矢量 $\overrightarrow{AE}$ 表示合力 F_R，其大小和方向可由图上量出，而合力作用点仍在汇交点 O。

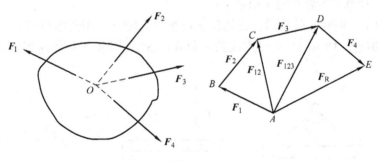

图　2-1

由作图过程不难看出，求合力 F_R 时，无需作出 $\overrightarrow{AC}$，$\overrightarrow{AD}$，只需把各力矢量首尾相接，画出一个不封闭的力多边形 $ABCDE$，最后用一有向线段 AE 将多边形封闭即可，此封闭边即表示力系的合力 F_R。这个多边形 $ABCDE$ 称为力**多边形**

（force polygon）。这种方法称为几何法（geometrical method）。

几何法可以推广到任意个汇交力的情形。若由 n 个力构成的平面汇交力系，其合力 $\boldsymbol{F}_R$ 可以用矢量式表示为

$$\boldsymbol{F}_R = \boldsymbol{F}_1 + \boldsymbol{F}_2 + \cdots + \boldsymbol{F}_n = \sum_{i=1}^{n} \boldsymbol{F}_i \tag{2-1}$$

即平面汇交力系的合力等于各分力的矢量和，作用线通过各力的汇交点。

用几何法作力多边形时，需要注意以下两点：

1）作力多边形时可以任意改变力的次序，得到的力多边形形状可能不同，但合力矢不会改变。

2）力多边形中各力依次首尾相接，合力则是反方向封闭力多边形。

2. 平面汇交力系平衡的几何条件

由力多边形法则可知，平面汇交力系可以合成为一个合力。显然，如果物体处于平衡，则合力 $\boldsymbol{F}_R$ 等于零，反之，如果合力 $\boldsymbol{F}_R$ 等于零，则物体必处于平衡。因此，我们得到平面汇交力系平衡的必要与充分条件是力系的合力等于零。其矢量表达式为

$$\boldsymbol{F}_R = \sum_{i=1}^{n} \boldsymbol{F}_i = 0 \tag{2-2}$$

在几何法中，平面汇交力系的合力是由力多边形的封闭边来表示的。合力为零，力多边形的封闭边变为一点，即其终点与起点重合，构成一个封闭的力多边形。由此，**平面汇交力系平衡的几何条件是力多边形自行封闭**。

在应用平面汇交力系平衡的几何条件求解问题时，需要先按比例画出封闭的力多边形，未知力的大小和方向可以从图上量出；另外也可以根据图形的几何关系，计算出所要求的未知量。

例 2-1 如图 2-2a 所示，已知箱子自重 $P = 10\text{kN}$，用两根绳索 AB 和 AC 吊起。已知绳索 AB 和 AC 与竖直线的夹角 $\alpha = 45°$，求箱子平衡时绳索 AB 和 AC 的拉力。

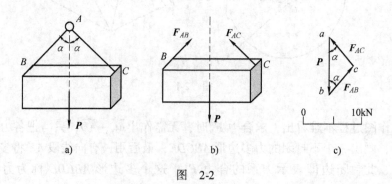

图 2-2

解　取箱子为研究对象，其受力分析如图 2-2b 所示。根据三力平衡汇交定理，此三力的作用线必汇交于点 A。根据平面汇交力系平衡的几何条件，三力组成一封闭的力三角形，如图 2-2c 所示。

（1）利用几何法由三角关系求得

$$F_{AB} = F_{AC} = P\cos\alpha = 5\sqrt{2}\ \text{kN}$$

所以箱子平衡时绳索 AB 和 AC 的拉力均为 $5\sqrt{2}$ kN。

（2）图解法

选取比例尺如图 2-2c 所示，任选一点 a，作矢量 $\overrightarrow{ab}$ 与重力平行且相等。再从 b 和 a 两点分别作两直线，平行于图 2-2b 中的 F_{AB} 和 F_{AC}，相交于点 c。按比例尺在图上量出未知量即可。

2.2　平面汇交力系合成与平衡的解析法

研究平面汇交力系的合成与平衡问题，除了前面介绍的几何法外，还可以用解析法（analytical method）。解析法是通过力在坐标轴上的投影来分析力系的合成与平衡的。

1. 力在坐标轴上的投影

设力 F 与坐标系 Oxy 在同一平面内，由力 F 的起点 A 和终点 B 分别作 x 轴和 y 轴的垂线，得到有向线段 ab 和 $a'b'$。则有向线段 ab 称为力 F 在 x 轴上的投影。用 F_x 表示。设 F 与 x 轴和 y 轴正向的夹角分别为 α 和 β，则由图 2-3 可知，

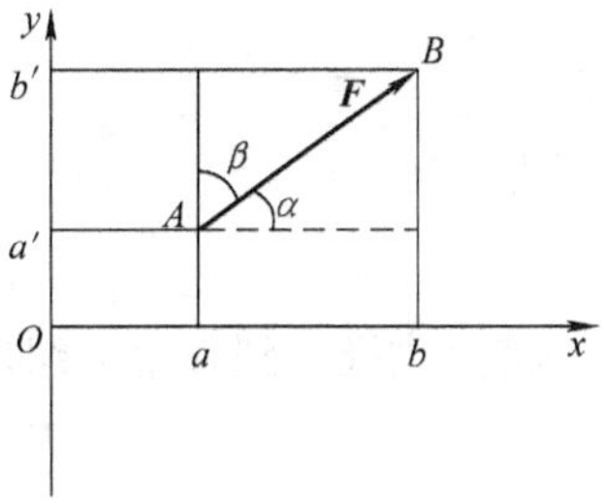

$$F_x = F\cos\alpha$$

$$F_y = F\cos\beta$$

（2-3）

图　2-3

力在坐标轴上的投影是代数量。其正负号如下规定：当投影的指向与坐标轴的正向相同时，投影为正；反之，为负。

必须注意：力的分力是矢量，力的投影是代数量。只有在正交坐标系中，力在轴上的投影才等于其在该轴的分力的大小。

2. 合力投影定理

下面讨论平面汇交力系的合力与各分力在同一轴上的投影的关系。

设一平面汇交力系如图 2-4 所示。用力多边形法则求出合力 F_R。任选一坐标轴为 x，则各力在坐标轴上的投影分别为

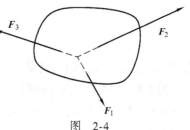

图　2-4

$$F_{x1} = ab$$
$$F_{x2} = bc$$
$$F_{x3} = -cd$$

合力 F_R 在 x 轴上的投影为

$$F_{Rx} = ad$$

由图 2-5 可见

$$ad = ab + bc - cd$$

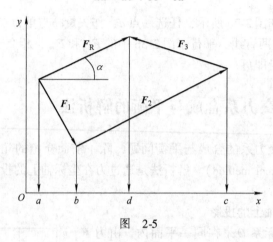

图　2-5

即

$$F_{Rx} = F_{x1} + F_{x2} + F_{x3}$$

将上式推广到 n 个力组成的平面汇交力系中，可得到

$$F_{Rx} = F_{x1} + F_{x2} + F_{x3} + \cdots + F_{xn}$$
$$F_{Ry} = F_{y1} + F_{y2} + F_{y3} + \cdots + F_{yn} \tag{2-4}$$

由此得到**合力投影定理：合力在任一轴上的投影等于各分力在同一轴上投影的代数和**。由合力投影定理求得合力的投影后，可用如下公式计算合力的大小和方向，即

$$F_R = \sqrt{F_{Rx}^2 + F_{Ry}^2} = \sqrt{\left(\sum F_x\right)^2 + \left(\sum F_y\right)^2}$$

$$\tan\alpha = \left|\frac{F_{Ry}}{F_{Rx}}\right| = \left|\frac{\sum F_y}{\sum F_x}\right| \tag{2-5}$$

式中，α 为合力与 x 轴的夹角。

例2-2　用解析法求平面汇交力系的合力。已知力的大小分别为 $F_1 = 5\text{kN}$，$F_2 = 3\text{kN}$，$F_3 = 3.5\text{kN}$，$F_4 = 4.5\text{kN}$，方向如图 2-6 所示。试用解析法求合力的大小和方向。

解　建立直角坐标系如图 2-6 所示。根据合力投影定理，得

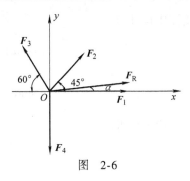

$$F_{Rx} = F_{1x} + F_{2x} + F_{3x} + F_{4x}$$
$$= F_1 + F_2\cos45° - F_3\cos60°$$
$$= 5.37\text{kN}$$

$$F_{Ry} = F_{1y} + F_{2y} + F_{3y} + F_{4y}$$
$$= F_2\sin45° + F_3\sin60° - F_4$$
$$= 0.65\text{kN}$$

图　2-6

$$F_R = \sqrt{F_{Rx}^2 + F_{Ry}^2} = 5.41\text{kN}$$

$$\alpha = \arctan\left|\frac{F_{Ry}}{F_{Rx}}\right| = 6.9°$$

3. 平面汇交力系的平衡方程

由前所述，平面汇交力系平衡的必要和充分条件是力系的合力等于零。由式（2-5）得到

$$F_R = \sqrt{F_{Rx}^2 + F_{Ry}^2} = \sqrt{\left(\sum F_x\right)^2 + \left(\sum F_y\right)^2} = 0$$

$$\text{即}\begin{cases} \sum F_x = 0 \\ \sum F_y = 0 \end{cases} \tag{2-6}$$

由此可知，**平面汇交力系平衡的解析条件是各力在任选两个坐标轴上投影的代数和均为零**。式（**2-6**）称为平面汇交力系的平衡方程。

例2-3　如图 2-7 所示，有一平面刚架 ABC，A 处为固定铰支座，C 处为滚动铰支座，刚架自重不计，各处摩擦不计。在 B 点作用有水平力 **F**，且 **F** = 10kN，$a = 5.5\text{m}$，$h = 2.5\text{m}$。求：A，C 处的约束力。

解　以刚架 ABC 为研究对象，建立如图 2-8 所示的坐标系。因刚架受三个力作用，根据三力平衡汇交定理，可确定出 A 点的受力通过 **F** 与 **F**$_C$ 的汇交点。列出平衡方程，得

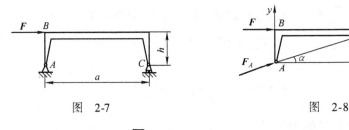

图　2-7　　　　　　　　　　　　　　图　2-8

$$\sum F_x = 0 \quad F_A\cos\alpha + F = 0$$

$$\sum F_y = 0 \quad F_A\sin\alpha + F_C = 0$$

由图中尺寸可知

$$\cos\alpha = \frac{5.5}{\sqrt{5.5^2 + 2.5^2}} = 0.91$$

$$\sin\alpha = \frac{2.5}{\sqrt{5.5^2 + 2.5^2}} = 0.41$$

解上述方程得

$$F_A = -11\text{kN}$$

$$F_C = 4.5\text{kN}$$

负号表示 F_A 的实际指向与图中所设方向相反。

例 2-4 利用铰车绕过定滑轮 B 的绳子吊起一货物重 $G = 40\text{kN}$，滑轮由两端铰接的水平刚性杆 AB 和斜刚性杆 BC 支持于 B 点。不计铰车的自重，试求杆 AB 和 BC 所受的力。

解 取滑轮 B 的轴销作为研究对象，画分离体受力图。滑轮 B 上的销钉在重物重力、绳的拉力以及二力杆 AB，BC 的作用下受力平衡。如图 2-9b 所示，建立坐标系。列出平衡方程：

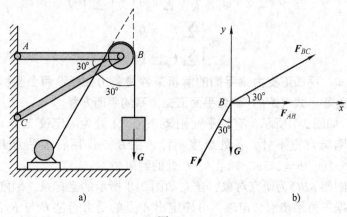

a)   b)

图   2-9

$$\sum F_x = 0, \ F_{BC}\cos30° + F_{AB} - F\sin30° = 0$$

$$\sum F_y = 0, \ F_{BC}\cos60° - G - F\cos30° = 0$$

联立求解得

$$F_{AB} = -109.3\text{kN}, \ F_{BC} = 149.3\text{kN}$$

2.3   平面力对点的矩

如图 2-10 所示，设力 F 作用在某一平面内，在此平面内任取一点 O，点 O

称为矩心，点 O 到力的作用线的垂直距离 h 称
为力臂。力 F 绕点 O 的转动效果不仅与力 F 的
大小有关，而且与力臂的大小有关，则平面力
对点的矩即力矩 （moment of force） 的定义为

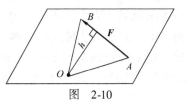

图　2-10

在平面问题中力对点的矩是一个代数量，
其大小等于力的大小与力臂 （**moment arm of force**） **的乘积，其正负规定是：**
力使物体绕矩心逆时针转动为正；反之为负。

力 F 对 O 点的矩用符号 $M_O(F)$ 表示，其计算公式为

$$M_O(F) = \pm F \cdot d \tag{2-7}$$

在国际单位制中，力矩的单位是 N·m （牛·米） 或 kN·m （千牛·米）

力矩的大小还可以用三角形的面积来表示，即

$$M_O(F) = \pm 2S_{\triangle ABO}$$

由此可知，力 F 对点 O 的矩不仅取决于力的大小，同时还与矩心位置有关；
当力 F 的作用线通过矩心时，则力矩等于零；力可以沿其作用线移动，不会改
变力矩的大小。

例 2-5　分别计算图 2-11 所示的 F_1，F_2 对 O 点的力矩。已知 $F_1 = 20\text{kN}$，
$F_2 = 15\text{kN}$。

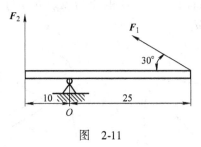

图　2-11

解　由式 （2-7），得

$$M_O(F_1) = F_1 \sin 30° \times 0.025 = 20 \times 10^3 \times 0.5 \times 25 \times 10^{-3} \text{N·m} = 250 \text{N·m}$$

$$M_O(F_2) = -F_2 \cdot 10 \times 10^{-3} = -15 \times 10^3 \times 10 \times 10^{-3} \text{N·m} = -150 \text{N·m}$$

2.4　平面力偶理论

1. 力偶与力偶矩

在生产实践和日常生活中，经常遇到大小相等、方向相反、作用线不重合
的两个平行力所组成的力系。这种力系只能使物体产生转动效应而不能使物体
产生移动效应。例如，拧水龙头时人手作用在开关上的两个力 F，F'（图 2-12a），

木工用螺丝钻钻孔（图2-12b），以及汽车驾驶员在转动方向盘时两手作用在方向盘上的力等。这种**大小相等、方向相反、作用线不重合的两个平行力**称为**力偶**（**force couple**），用符号（F，F'）表示。力偶的两个力作用线间的垂直距离 d 称为力偶臂，力偶的两个力所构成的平面称为力偶作用面（图2-13）。

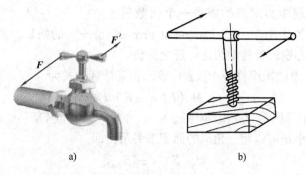

a)　　　　　　　　　　b)

图　2-12

力偶对物体的作用效应是只能使物体转动，而不能使物体移动。力偶没有合力，所以不能用一个力来代替，而本身又不平衡，它只能用力偶来代替，是一个基本力学量。设物体上作用一力偶臂为 d 的力偶（F，F'），如图2-14所示，则该力偶对作用面内任一点 O 的矩为 $M_O(F, F') = M_O(F) + M_O(F') = -F(d + x) + F'x = -Fd$。

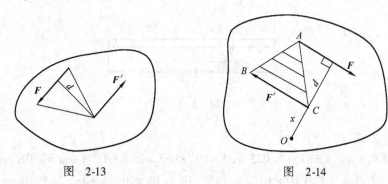

图　2-13　　　　　　　　　　　　图　2-14

上式表明，力偶对其作用平面内任一点的力矩只与力 F 和力偶臂 d 的大小有关，而与矩心位置无关，即力偶对物体的转动效应只取决于力偶中力的大小和两力之间的垂直距离。因此，**乘积 Fd 作为度量力偶对物体的转动效应的一个物理量**，这一物理量称为**力偶矩**（moment of the force couple），用符号 M（F，F'）或 M 表示，即

$$M(F, F') = M = \pm Fd \tag{2-8}$$

式中的正负号表示力偶的转动方向。通常规定：逆时针转动时力偶矩为正，反之为负。

由图 2-14 可知，力偶矩也可以用三角形的面积来表示，即

$$M = \pm 2S_{\triangle ABC} \tag{2-9}$$

2. 力偶的性质

力偶无合力，本身又不平衡，是一个基本力学量。力偶只能被另一力偶所平衡。力偶对物体的转动效应完全取决于力偶矩。所以，**在同一平面内的两个力偶，只要它们的力偶矩大小相等、转向相同，则两力偶必等效**。这是平面力偶的等效定理。此结论可通过理论证明（在此省略）；也可通过经验证实。例如，在图 2-15 中的两个力偶，其中 $F_1 \neq F_2$，$d_1 \neq d_2$，但 $F_1 d_1 = F_2 d_2$，且它们的转向相同，则它们对物体的作用效应就相同。

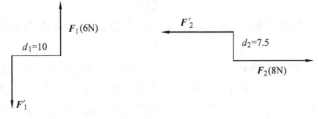

图　2-15

由力偶的等效性可得出下列两个结论：

1）力偶可以在作用面内任意移动和转动，而不影响它对物体的作用效应。

2）在保持力偶矩的大小和转向不变的条件下，可以任意改变力偶臂的大小和力的大小。

3. 平面力偶系的合成与平衡问题

（1）平面力偶系的合成　设在某平面内作用两个力偶，其力偶矩分别为 M_1，M_2，如图 2-16a 所示，求其合力偶。

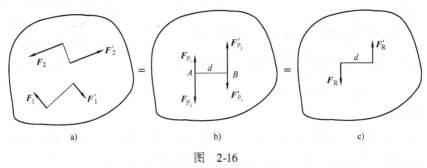

图　2-16

在此平面内任意取线段 $AB = d$，根据力偶的等效性，保持各力偶矩不变，使各力偶的力偶臂都等于 d，得到两个等效力偶，如图 2-16b 所示。等效力偶中各个力的大小分别为 F_{P_1} 和 F_{P_2}

$$F_{P_1} = -\frac{M_1}{d}$$

$$F_{P_2} = \frac{M_2}{d}$$

将各力偶在平面内移转，使力偶各对力的作用线分别共线，然后求各共线力系的代数和。每个共线力系得到一个合力，而这两个合力等值、反向，作用线相互平行且距离为 d，构成一个与原力偶系等效的合力偶，其力偶矩为

$$M = F_R d = (F_{P_2} - F_{P_1})d = M_2 + M_1$$

将上式推广到平面内 n 个力偶的情形，则合力偶矩应为

$$M = \sum M_i \tag{2-10}$$

由此可知：**平面力偶系的合成结果是一个合力偶，合力偶矩等于各力偶矩的代数和。**

（2）**平面力偶系的平衡**　由前面所述，平面力偶系的合成结果是一个合力偶，若平面力偶系平衡，则合力偶矩必须等于零；反之，若合力偶矩为零，则平面力偶系平衡。因此，得到平面力偶系平衡的必要和充分条件是：**力偶系中各力偶矩的代数和等于零**，即

$$\sum M_i = 0 \tag{2-11}$$

式（2-11）也称为平面力偶系的平衡方程。运用此方程可以求解一个未知量。

例 2-6　如图 2-17 所示，在物体同一平面内受到三个力偶的作用，设 $F_1 = 100\text{N}$，$F_2 = 200\text{N}$，$M = 150\text{N} \cdot \text{m}$，求其合成的结果。

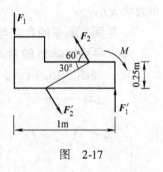

解　三个共面力偶合成的结果是一个合力偶，各分力偶矩为

$$M_1 = F_1 d_1 = 100 \times 1\text{N} \cdot \text{m} = 100\text{N} \cdot \text{m}$$

$$M_2 = F_2 d_2 = 200 \times \frac{0.25}{\sin 30°}\text{N} \cdot \text{m} = 100\text{N} \cdot \text{m}$$

$$M_3 = -M = -150\text{N} \cdot \text{m}$$

合力偶为

$$M_合 = \sum M_i = M_1 + M_2 + M_3 = (100 + 100 - 150)\text{N} \cdot \text{m} = 50\text{N} \cdot \text{m}$$

即合力偶矩的大小等于 50N·m，转向为逆时针方向。

图 2-17

例 2-7　已知横梁 AB 长 $l = 500\text{mm}$，A 端用铰链杆支撑，B 端为铰支座。梁上受到一力偶的作用，其力偶矩为 $M = 3\text{kN} \cdot \text{m}$，如图 2-18a 所示。不计梁和支杆的自重，求 A 端和 B 端的约束力。

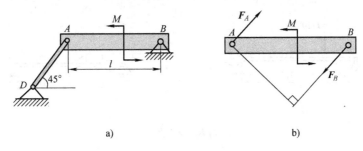

图　2-18

解　选梁 *AB* 为研究对象。梁所受的主动力为一力偶，杆件 *AD* 是二力杆，故 *A* 端的约束力必沿 *AD* 杆。根据力偶只能与力偶平衡的性质，可以判断 *A* 端与 *B* 端的约束力 $\boldsymbol{F}_A$ 和 $\boldsymbol{F}_B$ 构成一力偶，因此有 $\boldsymbol{F}_A = -\boldsymbol{F}_B$。梁 *AB* 受力如图 2-18b 所示。列平衡方程：

$$\sum M = 0, \quad M - F_A l\cos 45° = 0$$

解得

$$F_A = F_B = \frac{M}{l\cos 45°} = \frac{\sqrt{2}M}{l} = \frac{3\sqrt{2}}{0.5} \text{kN} \cdot \text{m} = 6\sqrt{2} \text{kN} \cdot \text{m}$$

思　考　题

2-1　分力和投影有什么不同？

2-2　如果平面汇交力系的各力在任意两个互不平行的坐标轴上投影的代数和等于零，那么该力系是否平衡？

2-3　试比较力矩和力偶的不同点。

2-4　组成力偶的两个力在任一轴上的投影之和为什么必等于零？

2-5　如思考题 2-5 图所示，在物体上作用两力偶（$\boldsymbol{F}_1$，$\boldsymbol{F}_1'$）和（$\boldsymbol{F}_2$，$\boldsymbol{F}_2'$），其力多边形闭合，此时物体是否平衡？为什么？

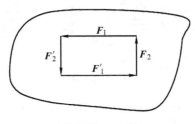

思考题　2-5 图

习　题

2-1　如习题 2-1 图所示，求下列两种情况下 *A* 和 *B* 处的约束力。

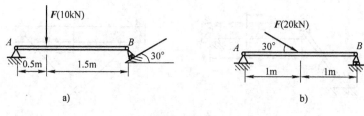

习题 2-1 图

2-2 如习题 2-2 图所示，已知 $P = 20\text{kN}$，$BC = AC = 2\text{m}$，求在 P 的作用下 AC，BC 所受力的大小。

2-3 电动机重 $P = 5\text{kN}$，放在水平梁 AB 的中央，梁的 A 端以铰链固定，B 端以撑杆 BC 支承。求撑杆 BC 所受的力。

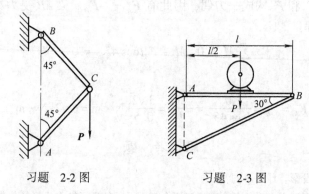

习题 2-2 图   习题 2-3 图

2-4 三铰门式刚架受集中荷载 P 作用，不计架重，求习题 2-4 图所示两种情况下支座 A，B 的约束力。

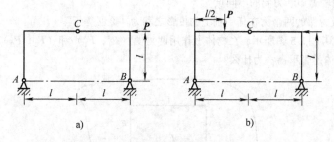

习题 2-4 图

2-5 计算习题 2-5 图中力 F 对 A 点的矩。

2-6 如习题 2-6 图所示，梁 AB 上作用一力偶，其矩为 $M = 10\text{kN} \cdot \text{m}$，求支座 A，B 处的约束力。

2-7 连杆机构 $OABO_1$ 在习题 2-7 图的图示位置平衡，已知 $OA = 40\text{cm}$，$O_1B = 60\text{cm}$，作用在曲柄 OA 上的力偶矩大小为 $M_1 = 1\text{N} \cdot \text{m}$，不计杆重，求力偶矩 M_2 的大小及连杆 AB 所受的力。

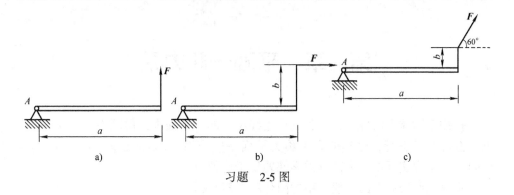

习题　2-5 图

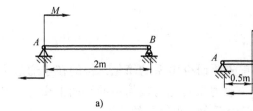

习题　2-6 图

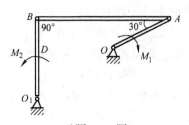

习题　2-7 图

习 题 答 案

2-1　a) $F_A = \dfrac{5\sqrt{21}}{3}$ kN, $F_B = \dfrac{5\sqrt{3}}{3}$ kN　b) $F_A = 5\sqrt{13}$ kN, $F_B = 5$ kN

2-2　$10\sqrt{2}$ kN

2-3　5 kN

2-4　a) $F_A = F_B = 0.71P$　b) $F_A = 0.79P$　$F_B = 0.35P$

2-5　a) Fa, b) $-Fb$, c) $-\dfrac{Fb}{2} + \dfrac{\sqrt{3}Fa}{2}$

2-6　a) $F_B = F_A = 5$kN, b) $F_B = F_A = \dfrac{10\sqrt{3}}{3}$kN

2-7　$F_{AB} = 5$N　$M_2 = 3$N·m

第3章　平面一般力系

作用于物体上的各个力，若其作用线位于同一平面内，但既不汇交于一点，又不全部互相平行，这样的力系称为平面一般力系（coplanar general force system）。在工程实际中，大部分力学问题属于这种力系。

本章主要研究平面一般力系的简化和平衡问题。

3.1　力线平移定理

在研究平面一般力系时，首先要研究力系的简化，目的在于通过力系的简化，可以将一个较复杂的平面一般力系转化为较简单的平面汇交力系和平面力偶系。力线平移定理是平面一般力系向一点简化的依据。

定理：作用在刚体上某点的力 F 可以平行移动到刚体上任意一点，但必须同时附加一个力偶，其力偶矩等于原来的力 F 对平移点之矩。

证明：如图 3-1a 所示，设一力 F 作用于刚体上 A 点，欲将它平移至任一点 B，可在 B 点加上大小相等、方向相反且与 F 平行的两个力 F' 和 F''，并使 $F' = -F'' = F$（见图 3-1b）。显然，F'' 和 F 组成一力偶，于是原来作用于 A 点的力 F，现可由作用于 B 点的力 F' 和一个力偶（F，F''）来代替（见图 3-1c）。这个力偶称为附加力偶，其矩 M 等于原作用于 A 点的力 F 对新作用点 B 的矩，即 $M = Fd = M_B(F)$。

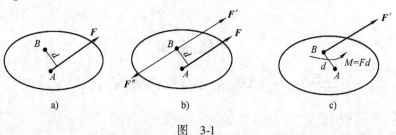

图　3-1

力线平移定理不仅是力系简化的依据，也是分析力对物体作用效应的重要方法。它揭示了力与力偶的关系，即一个力可以分解为一个与其等值平行的力和一个位于平移平面内的力偶。反之，一个力偶和一个位于该力偶作用面内的力，也可以用一个位于力偶作用面内的力来等效替换。例如打乒乓球时，若球拍对球作用的力其作用线通过球心（球的质心 O），如图 3-2a 所示，则球将平动而不旋转；但若力的作用线与球相切——"削球"，如图 3-2b 所示，则球将产生平动和转动。

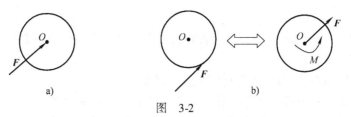

图　3-2

3.2　平面一般力系的简化

设在某一刚体上作用着平面一般力系 F_1，F_2，$\cdots$，F_n，如图 3-3a 所示。应用力线平移定理将该力系中的各个力逐个向刚体上的某一点 O（称为简化中心）平移，于是得到作用于 O 点的平面汇交力系 F'_1，F'_2，$\cdots$，F'_n 及附加力偶系 M_1，M_2，$\cdots$，M_n 如图 3-3b 所示；再将所得的平面汇交力系和平面力偶系分别合成，得到其合力 F'_R 和合力偶矩 M_O 如图 3-3c 所示。

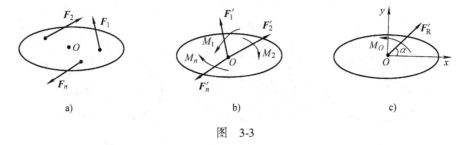

图　3-3

其中，F'_R 称为原平面一般力系的主矢（principal vector）；M_O 称为原平面一般力系的主矩（principal moment）。

由平面汇交力系的合成可知，主矢 F'_R 等于汇交力系中各分力的矢量和，即

$$F'_R = F'_1 + F'_2 + \cdots + F'_n = F_1 + F_2 + \cdots + F_n = \sum F$$

显然，主矢取决于原力系中各力的大小和方向，而与简化中心的位置无关。主矢 F'_R 的大小和方向也可由解析法求得，即

$$F'_R = \sqrt{(F'_{Rx})^2 + (F'_{Ry})^2} = \sqrt{\left(\sum F'_x\right)^2 + \left(\sum F'_y\right)^2} = \sqrt{\left(\sum F_x\right)^2 + \left(\sum F_y\right)^2}$$

$$(3-1)$$

$$\tan\alpha = \frac{F'_{Ry}}{F'_{Rx}} = \frac{\sum F_y}{\sum F_x}$$

由平面力偶系的合成可知，主矩 M_O 等于各附加力偶矩的代数和，即

$$M_O = M_1 + M_2 + \cdots + M_n = M_O(\boldsymbol{F}_1) + M_O(\boldsymbol{F}_2) + \cdots + M_O(\boldsymbol{F}_n) = \sum M_O(\boldsymbol{F})$$

(3-2)

主矩 M_O 一般与简化中心的位置有关，它反映了原力系中各力的作用线相对于 O 点的分布情况。

下面对平面一般力系的简化结果进行讨论。

1）主矢和主矩都等于零。这表示原力系是一个平衡力系。

2）主矢不等于零，但主矩等于零。这表示原力系可合成的一个合力，就是作用在简化中心的主矢。

3）主矢等于零，但主矩不等于零。这表示原力系可合成为一个力偶，它没有合力，这个力系的合力偶矩即等于主矩。根据力偶的性质，在此情况下主矩与简化中心的位置无关。

4）主矢和主矩都不等于零。这还不是最终结果，尚可进一步简化。由力线平移定理的逆过程可推知，主矢和主矩也可以合成为一个合力，但合力的作用线不通过简化中心（见图3-4）。为此，将主矩 M_O 用力偶（$\boldsymbol{F}_R$，$\boldsymbol{F}_R''$）表示，并使力的大小等于主矢 $\boldsymbol{F}_R'$，力偶臂即为

$$d = \frac{M_O}{F_R}$$

(3-3)

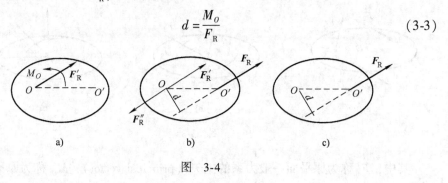

a)　　　　　　　　　　b)　　　　　　　　　　c)

图　3-4

由式（3-3）知，$M_O = F_R d$，其中 $F_R d$ 表示合力 $\boldsymbol{F}_R$ 对简化中心 O 之矩。又 $M_O = \sum M_O(\boldsymbol{F}_i)$，所以有

$$M_O(\boldsymbol{F}_R) = \sum M_O(\boldsymbol{F}_i)$$

(3-4)

这就是合力矩定理，即平面一般力系的合力对作用面内任一点之矩等于力系中各分力对同一点之矩的代数和。

3.3　平面一般力系的平衡条件和平衡方程

由上节讨论可知，若平面一般力系简化后的主矢和主矩不同时为零，则力

系可简化为一个力或一个力偶，这时，力系都不平衡。因此，要使力系平衡，则该力系的主矢和主矩必须同时为零。反之，若力系的主矢和主矩都分别等于零，则该力系必然是平衡力系。故平面一般力系平衡的充分必要条件是：力系的主矢和对任意一点的主矩都为零，即

$$F_R' = 0, \quad M_O = 0 \tag{3-5}$$

由式（3-1）可知，欲使 $F_R' = 0$，必须满足 $\sum F_x = 0$ 及 $\sum F_y = 0$。此外，由式（3-2）可知，当 $M_O = 0$ 时，有 $\sum M_O(F) = 0$，则得

$$\begin{cases} \sum F_x = 0 \\ \sum F_y = 0 \\ \sum M_O(F) = 0 \end{cases} \tag{3-6}$$

式（3-6）即为平面一般力系的平衡方程。其中，前两式称为力的投影方程，表示所有的力对于任选的直角坐标系两轴投影的代数和等于零；第三式称为力矩方程，它表示所有的力对任一点之矩的代数和等于零。因这三个方程相互独立，故可用来求解三个未知量。

平面一般力系的平衡方程除式（3-6）所表示的基本形式外，还有其他两种形式。

1）一个投影方程及两个力矩方程，即

$$\begin{cases} \sum F_x = 0 \\ \sum M_A(F) = 0 \\ \sum M_B(F) = 0 \end{cases} \tag{3-7}$$

式中，A 和 B 是平面内任意两点，但 AB 两点连线不与 x 轴垂直。

2）三个力矩方程，即

$$\begin{cases} \sum M_A(F) = 0 \\ \sum M_B(F) = 0 \\ \sum M_C(F) = 0 \end{cases} \tag{3-8}$$

式中，A，B，C 为平面内不共线的三个点。

有了平面一般力系的平衡方程，即可推出几个平面特殊力系的平衡方程。

对于平面汇交力系，若取各力的汇交点为简化中心，则式（3-6）中第三式自然满足，而第一、二两式即为平面汇交力系的平衡方程。

对于平面力偶系，式（3-6）中第一、二式自然满足，而第三式即为平面力偶系的平衡方程。

对于平面平行力系（即平面力系中各力的作用线相互平行），若选择直角坐标轴时使其中一个坐标轴与各力平行，则式（3-6）的前两式中与各力垂直的一个投影式自然满足，于是只有一个投影式和一个力矩式，这就是平面平行力系的平衡方程，即

$$\begin{cases} \sum F = 0 \\ \sum M_O(\boldsymbol{F}) = 0 \end{cases} \tag{3-9}$$

显然，平面平行力系只给出两个独立的平衡方程式，只能求解两个未知量。

求解平面一般力系的平衡方程时，一般可按如下步骤进行：

1）确定研究对象，取分离体，作出受力图。

2）建立适当的直角坐标系，列出平衡方程。

3）解平衡方程，求出未知量。

应指出，在建立坐标系时，应使坐标轴的方位尽量与较多的力成平行或垂直，以使各力的投影计算得以简化。力矩中心应尽量选在未知力的交点上，以简化力矩的计算。

例 3-1 图 3-5 所示为一悬臂式起重机简图，A，B，C 处均为光滑铰链。水平梁 AB 自重 P = 4kN，荷载 F = 10kN，有关尺寸如图 3-5a 所示，BC 杆自重不计。求 BC 杆所受的拉力和铰链 A 给梁的约束力。

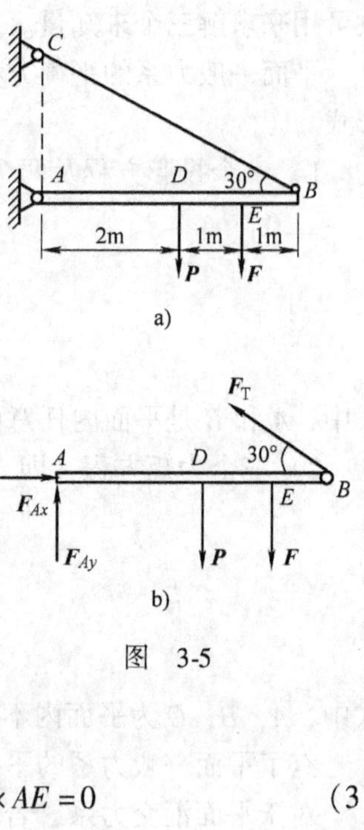

解 （1）取 AB 梁为研究对象。

（2）画受力图。

未知量 3 个，独立的平衡方程数也是三个。

（3）列平衡方程，选坐标如图 3-5b 所示。

$$\sum F_x = 0$$

$$F_{Ax} - F_T\cos30° = 0 \quad （1）$$

$$\sum F_y = 0$$

$$F_{Ay} + F_T\sin30° - P - F = 0 \quad （2）$$

$$\sum M_A(\boldsymbol{F}) = 0$$

$$F_T \times AB \times \sin30° - P \times AD - F \times AE = 0 \quad （3）$$

由式（3）解得

$$F_T = \frac{2P + 3F}{4\sin30°} = \frac{2 \times 4 + 3 \times 10}{4 \times 0.5}\text{kN} = 19\text{kN}$$

图 3-5

将 F_T 之值代入式（1），式（2），可得

$$F_{Ax} = 16.5\text{kN},\ F_{Ay} = 4.5\text{kN}$$

则铰链 A 的约束力及与 x 轴正向的夹角为

$$F_A = \sqrt{F_{Ax}^2 + F_{Ay}^2} = 17.1\text{kN}$$

$$\theta = \arctan\frac{F_{Ay}}{F_{Ax}} = 15.3°$$

例 3-2　简支梁受力如图 3-6a 所示，已知 $F = 300\text{N}$，$q = 100\text{N/m}$，求 A，B 处的约束力。

解　取 AB 杆为研究对象，受力分析如图 3-6b 所示。

列静力平衡方程如下：

$$\sum F_x = 0 \qquad F_{Ax} = 0$$

$$\sum F_y = 0 \qquad F_{Ay} + F_B - F - q \cdot 4 = 0$$

$$\sum M_A = 0 \qquad F_B \cdot 8 - 4 \cdot q \cdot 6 - F \cdot 2 = 0$$

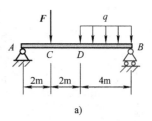

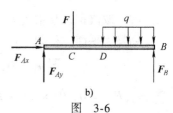

图　3-6

解平衡方程可得

$$F_{Ax} = 0$$

$$F_{Ay} = 325\text{N}$$

$$F_B = 375\text{N}$$

例 3-3　外伸梁的尺寸及载荷如图 3-7a 所示，$F_1 = 2\text{kN}$，$F_2 = 1.5\text{kN}$，$M = 1.2\text{kN} \cdot \text{m}$，$l_1 = 1.5\text{m}$，$l_2 = 2.5\text{m}$，试求铰支座 A 及支座 B 的约束力。

解　取梁为研究对象，受力分析如图 3-7b 所示。

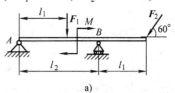

列静力平衡方程如下：

$$\sum F_x = 0, \qquad F_{Ax} - F_2\cos 60° = 0$$

$$\sum F_y = 0, \qquad F_{Ay} + F_{By} - F_1 - F_2\sin 60° = 0$$

$$\sum M_A(F) = 0, \quad F_{By}l_2 - M - F_1 l_1 -$$

$$F_2(l_1 + l_2)\sin 60° = 0$$

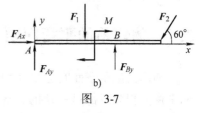

图　3-7

解平衡方程可得

$$F_{Ax} = 0.75\text{kN}$$

$$F_{By} = 3.76\text{kN}$$

$$F_{Ay} = -0.46\text{kN}$$

例 3-4 一种车载式起重机，车重 $P_1 = 26\text{kN}$，起重机伸臂重 $P_2 = 4.5\text{kN}$，起重机的旋转与固定部分共重 $P_3 = 31\text{kN}$。尺寸如图 3-8 所示。设伸臂在起重机对称面内，且放在图示位置，试求车子不致翻倒的最大起吊重量 $P_{\max}$。

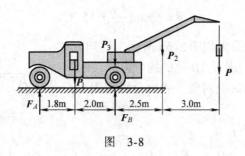

图 3-8

解 取汽车及起重机为研究对象，受力分析如图 3-8。

列静力平衡方程如下：

$$\sum F = 0, \quad F_A + F_B - P - P_1 - P_2 - P_3 = 0$$

$$\sum M_B(\boldsymbol{F}) = 0, \quad P_1 \times 2\text{m} - P(2.5\text{m} + 3\text{m}) - P_2 \times 2.5\text{m} - F_A(1.8\text{m} + 2\text{m}) = 0$$

联立求解得

$$F_A = \frac{1}{3.8}(2P_1 - 2.5P_2 - 5.5P)$$

不翻倒的条件是

$$F_A \geqslant 0$$

故由上式可得

$$P \leqslant \frac{1}{5.5}(2P_1 - 2.5P_2) = 7.5\text{kN}$$

则最大起吊重量为 $P_{\max} = 7.5\text{kN}$。

3.4 物体系的平衡问题

前面讨论了平面问题中几种力系的平衡问题。对应于每一种力系，其独立的平衡方程数目都是一定的，平面任意力系有三个，平面汇交力系和平面平行力系各有两个，平面力偶系只有一个。因此，对于每一种力系，能求解的未知数的数目也是一定的。如果所考察的物体的未知约束力数目恰好等于独立平衡方程的数目，则那些未知数就可全部由平衡方程求出，这类问题称为**静定问题**。若未知约束力的数目多于独立平衡方程的数目，仅仅用刚体静力学平衡方程不能全部求出那些未知数，这类问题称为**超静定（或静不定）**问题。如图 3-9a，b，c 所示结构即属于静定问题。有时为了提高结构的刚度而需要增加约束，从而使问题变为超静定问题，例如，图 3-9d，e，f 所示结构均属超静定问题。

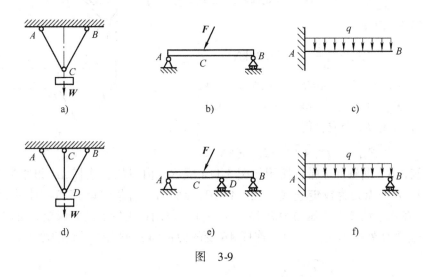

图　3-9

需要指出的是，超静定问题并不是不能求解，而只是不能仅仅用静力学平衡方程来解决问题。如果考虑到物体受力后的变形，则在平衡方程外，加上足够的补充方程也可求出全部未知约束力。这将在材料力学、结构力学等课程中加以研究。

在工程中，由几个物体通过某种约束的联系组成的系统称为物体系统，简称物系。研究物系的平衡问题应根据问题要求，可以取整体，也可取其中某单个物体，或某几个物体作为分离体。因为整体系统是平衡的，所以每一个单个物体也是平衡的。对于由 n 个物体组成的系统，每个物体在平面任意力系作用下，整个系统可以也只能列出 $3n$ 个独立平衡方程，并只能求解 $3n$ 个求知数。此时，未知数数目超过它的独立方程数，系统就成为超静定结构了。超出数目个数就是超静定的次数。当系统中的物体受平面汇交力系或平行力系等作用时，其独立方程的总数目相应地减少。

例 3-5　支架的横梁 AB 与斜杆 DC 彼此以铰链 C 连接，并各以铰链 A，D 连接于竖直墙上。如图 3-10a 所示。已知杆 $AC = CB$；杆 DC 与水平线成 45°角；载荷 $F = 10\text{kN}$，作用于 B 处。设梁和杆的重量忽略不计，求铰链 A 的约束力和杆 DC 所受的力。

解　取 AB 杆为研究对象，受力分析如图 3-10b 所示。

列静力平衡方程如下：

$$\sum F_x = 0, \quad F_{Ax} + F_C \cos 45° = 0$$

$$\sum F_y = 0, \quad F_{Ay} + F_C \sin 45° - F = 0$$

$$\sum M_A(\boldsymbol{F}) = 0, \quad F_C \cos 45° \times l - F \times 2l = 0$$

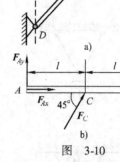

解平衡方程可得

$$F_C = \frac{2F}{\sin 45°} = 28.28 \text{kN}$$

$$F_{Ax} = -F_C \cdot \cos 45° = -2F = -20 \text{kN}$$

$$F_{Ay} = F - F_C \cdot \sin 45° = -F = -10 \text{kN}$$

若将力 F_{Ax} 和 F_{Ay} 合成，得

$$F_{RA} = \sqrt{F_{Ax}^2 + F_{Ay}^2} = 22.36 \text{kN}$$

图 3-10

例 3-6 曲轴冲床结构简图如图 3-11a 所示，由飞轮、连杆 AB 和冲头 B 组成。A，B 两点处为铰链连接，且 $OA = R$，$AB = l$。若忽略摩擦和物体的自重，当 OA 在水平位置、冲压力为 $\boldsymbol{P}$ 时，求：(1) 作用在飞轮上的力偶矩 M 的大小；(2) 轴承 O 处的约束力；(3) 连杆 AB 受的力；(4) 冲头给导轨的侧压力。

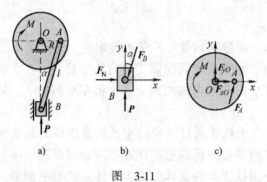

图 3-11

解 要求出连杆 AB 的内力，必须将系统拆开分析。作用在系统上的已知力只有冲压力 $\boldsymbol{P}$，故应先以冲头为研究对象进行分析，其受力图如图 3-11b 所示。假设连杆与竖直线的夹角为 α，选取坐标系如图，列平衡方程为

$$\sum F_x = 0, \quad F_N - F_B \cdot \sin\alpha = 0$$

$$\sum F_y = 0, \quad P - F_B \cdot \cos\alpha = 0$$

解得

$$F_B = \frac{P}{\cos\alpha} = \frac{Pl}{\sqrt{l^2 - R^2}}$$

$$F_N = P\tan\alpha = \frac{PR}{\sqrt{l^2 - R^2}}$$

再取飞轮为研究对象，受力如图 3-11c 所示。选坐标系如图，列平衡方程为

$$\sum M_O(\boldsymbol{F}) = 0, \quad F_A \cdot \cos\alpha \cdot R - M = 0$$

$$\sum F_x = 0, \quad F_{xO} + F_A \cdot \sin\alpha = 0$$

$$\sum F_y = 0, \quad F_A \cdot \cos\alpha + F_{yO} = 0$$

解得

$$M = PR$$

$$F_{xO} = -P\tan\alpha$$

$$F_{yO} = -P$$

式中，负号表示力的方向与图中所设方向相反。

3.5　考虑摩擦时的平衡问题

在前面研究物体平衡问题时，总是假定物体的接触面是绝对光滑的，将摩擦忽略不计。实际上，完全光滑的接触面并不存在，只是在某些情况下摩擦的影响较小，或接触面比较光滑或有较好的润滑条件，忽略摩擦并不影响问题的本质，这使问题大为简化。但在许多工程问题中，摩擦对构件的平衡和运动起着主要作用，因此必须加以考虑。例如，制动器靠摩擦制动、带轮靠摩擦传递动力、车床卡盘靠摩擦夹固工件等，都是摩擦有利的一面。摩擦也有其有害的一面，它会带来阻力、消耗能量、加剧磨损、缩短机器寿命等。因此，掌握摩擦的一般规律，利用其有利的一面，而限制或消除其有害的一面十分重要。

按物体接触面间发生的相对运动形式，摩擦可分为滑动摩擦和滚动摩擦；按两物体接触面是否存在相对运动，可分为静摩擦和动摩擦；按接触面间是否有润滑，分为干摩擦和湿摩擦。本节主要介绍静滑动摩擦及考虑摩擦时物体的平衡问题。

1. 滑动摩擦（sliding friction）

相互接触的两个物体，当接触表面有相对滑动或有相对滑动趋势时，在接触面间彼此产生阻碍相对滑动的力，称为滑动摩擦力，简称摩擦力。由于摩擦力总是阻碍两物体相对滑动，所以它的方向总是与两物体相对滑动或相对滑动趋势的方向相反，如图 3-12 所示。在尚未发生相对滑动时产生的摩擦力，称为静摩擦力，以 $\boldsymbol{F}_f$ 表示；有相对滑动时产生的摩擦力，称为动摩擦力，以 $\boldsymbol{F}_f'$ 表示。

实验表明：当外来 $\boldsymbol{F}$ 逐渐增大时，物块的相对滑动趋势也随之增大。由于物块仍保持静止状态，此时静摩擦力也相应增大。当外来力增大到一定数值时，物块则处于将动未动的临界状态，这时静摩擦力达到临界值，称为最大静摩擦力，以 $\boldsymbol{F}_{fmax}$ 或 $\boldsymbol{F}_{fm}$ 表示。可见，静摩擦力与一般的约束力不同，它存在一个最大

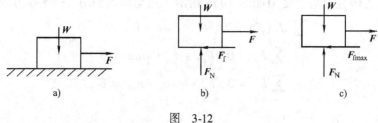

图 3-12

值，即 $F_f \leqslant F_{fmax}$。当外力继续增大时，物块开始滑动，这时为动摩擦力。大量实验证明，最大静摩擦力的大小与正压力（法向约束力）F_N 的大小成正比，即

$$F_{fmax} = f_s F_N$$

这就是著名的**库仑静摩擦定律**，式中的比例系数 f_s 称为静摩擦因数。它的大小与接触物体的材料、接触面的粗糙程度、温度、湿度等有关，而与接触面积的大小无关，一般由实验测定，可在工程手册中查到。

由实验和观察还可得出当物体已经滑动时的动摩擦定律，即

$$F_f' = f F_N \tag{3-10}$$

式中，f 称为动摩擦因数。它与接触物体的材料和表面情况有关，一般数值略小于静摩擦因数，也可在工程手册中查到。

2. 摩擦角与自锁现象

法向约束力 F_N 和切向静摩擦力 F_f 的合力 F_R 称为全约束力。它与支承面法线间的夹角 φ 将随静摩擦力 F_f 的增大而增大如图 3-13a 所示。当物体处于临界平衡状态时，静摩擦力达到最大值 F_{fmax}，夹角 φ 也达到最大值 φ_m，如图 3-13b 所示，此时的夹角 φ_m 称为摩擦角（friction angle）。由此可知

$$\tan\varphi_m = \frac{F_{fmax}}{F_N} = f_s \tag{3-11}$$

即摩擦角的正切值等于静摩擦因数。当物体的滑动趋向改变时，全约束力 F_R 的作用线的方位也随之改变。此时全约束力 F_R 的作用线将形成一个以接触点为顶点的锥面，如图 3-13c 所示，称为摩擦锥。

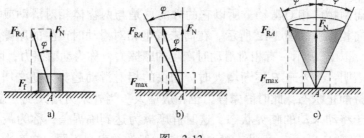

图 3-13

当作用在物体上主动力合力的作用线在摩擦角的范围内时，无论主动力合力的大小如何变化，物体总保持平衡而不滑动，这种现象称为摩擦自锁（self-locking），即摩擦自锁的条件是

$$\varphi \leqslant \varphi_m$$

自锁条件常可用来设计某些结构或夹具，如图3-14所示的千斤顶就是利用了自锁现象。

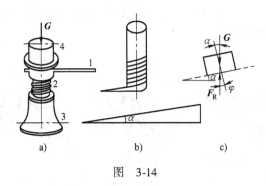

图　3-14

3. 考虑摩擦时物体的平衡问题

考虑摩擦时，求解物体平衡问题的方法和步骤与不计摩擦时的平衡问题基本相同。不同的是在画受力图及分析计算时必须考虑摩擦力，摩擦力的方向与相对滑动趋势的方向相反，大小有一个范围，即 $0 \leqslant F_f \leqslant F_{fmax}$。当物体处于临界平衡状态时，摩擦力达到最大值，有 $F_{fmax} = f_s F_N$。

由于静摩擦力 F_f 可以在 0 与 F_{fmax} 之间变化，所以考虑摩擦的平衡问题的解答往往是以不等式表示的一个范围。下面举例加以说明。

例3-7　重 $G = 1250\text{N}$ 的物体，放在倾角 $\alpha = 45°$ 的斜面上如图3-15a所示，若接触面间的静摩擦因数 $f_s = 0.12$，今有一大小为 $F_P = 980\text{N}$ 的力沿斜面推物体，问物体在斜面上是否处于平衡状态？若静止，这时摩擦力 F 为多大？

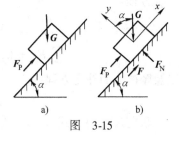

图　3-15

解　设物体静止并有向下滑的趋势，画出物体受力图及坐标如图3-15b所示，由平衡方程

$$\sum F_x = 0, \quad F_P - G\sin\alpha + F = 0$$

$$\sum F_y = 0, \quad F_N - G\cos\alpha = 0$$

解得

$$F = G\sin\alpha - F_P = (1250 \times \sin45° - 980)\text{N} = -96.1\text{N}(实际指向与假设方向相反)$$

$$F_N = G\cos\alpha = 1250 \times \cos45°\text{N} = 884\text{N}$$

根据静摩擦定律,接触面可能出现的最大静摩擦力为

$$F_{max} = f_s F_N = 0.12 \times 884N = 106N$$

若摩擦力 F 为负号,说明它沿斜面向下,故物块实际上有向上滑的趋势。由于保持平衡所需的摩擦力 F 的绝对值小于最大静摩擦力 F_{max},所以物块在斜面上可以保持静止状态,这时摩擦力的值为 96.1N,方向沿斜面向下。

例3-8 斜面上放一重为 G 的重物如图 3-16a 所示,斜面倾角为 α,物体与斜面间的摩擦角为 φ_m,且知 $\alpha > \varphi_m$,试求维持物体在斜面上静止时,水平推力的大小 F_P 所容许的范围。

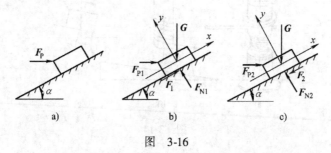

图 3-16

解 取物体为研究对象,已知 $\alpha > \varphi_m$,所以如果不加水平力 F_P,物体将下滑,为维持物体在斜面上静止,需要加上水平推力 F_P。

当水平推力 F_P 比较小时,物块有下滑趋势;当水平推力 F_P 比较大时,物块有上滑趋势。下面确定水平推力的大小 F_P 的上下限,即物体的两个临界状态。

(1) 求 F_P 的下限 F_{P1}

画物块受力图,如图 3-16b 所示,这时静摩擦力 F_1 的方向沿斜面向上,列平衡方程:

$$\sum F_x = 0, \quad F_{P1}\cos\alpha - G\sin\alpha + F_1 = 0 \tag{1}$$

$$\sum F_y = 0, \quad -F_{P1}\sin\alpha - G\cos\alpha + F_{N1} = 0 \tag{2}$$

以及摩擦力的补充方程:

$$F_1 = f_s F_{N1} = F_{N1}\tan\varphi_m \tag{3}$$

联立式 (1),式 (2),式 (3) 解得

$$F_{P1} = G\frac{\tan\alpha - f_s}{1 + f_s\tan\alpha} = G\tan(\alpha - \varphi_m)$$

(2) 求 F_P 的上限 F_{P2}

画物块受力图,如图 3-16c 所示,这时静摩擦力 F_2 的方向沿斜面向下,列平衡方程:

$$\sum F_x = 0, \quad F_{P2}\cos\alpha - G\sin\alpha - F_2 = 0 \tag{4}$$

$$\sum F_y = 0, \qquad -F_{P2}\sin\alpha - G\cos\alpha + F_{N2} = 0 \tag{5}$$

以及摩擦力的补充方程：

$$F_2 = f_s F_{N2} = F_{N2}\tan\varphi_m \tag{6}$$

联立式（4），式（5），式（6）解得

$$F_{P2} = G\frac{\tan\alpha + f_s}{1 - f_s\tan\alpha} = G\tan(\alpha + \varphi_m)$$

由以上分析可知，欲使物体在斜面上保持静止，水平推力 F_P 的大小应在 $F_{P_1} \leqslant F_P \leqslant F_{P_2}$ 范围内变化，即

$$G\tan(\alpha - \varphi_m) \leqslant F_P \leqslant G\tan(\alpha + \varphi_m)$$

例3-9 凸轮机构如图3-17a所示，已知推杆与滑道间的摩擦因数为 f_s，滑道宽为 b。推杆自重及推杆与凸轮接触处的摩擦均忽略不计。为保证推杆不被卡住，求 a 的取值范围。

解 取推杆为研究对象，受力图如图3-17b所示。推杆受到5个力的作用：凸轮推力 $\boldsymbol{F}$，滑道 A，B 处的法向约束力 $\boldsymbol{F}_{NA}$，$\boldsymbol{F}_{NB}$，阻止推杆向上运动的摩擦力 $\boldsymbol{F}_A$，$\boldsymbol{F}_B$。

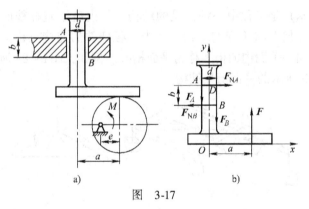

图 3-17

列平衡方程

$$\sum F_x = 0, \qquad F_{NA} - F_{NB} = 0 \tag{1}$$

$$\sum F_y = 0, \qquad -F_A - F_B + F = 0 \tag{2}$$

$$\sum_{i=1}^{n} M_D(\boldsymbol{F}_i) = 0 \qquad Fa - F_{NB}b - F_B\frac{d}{2} + F_A\frac{d}{2} = 0 \tag{3}$$

考虑推杆将动而未动情况，即平衡的临界状态，摩擦力 F_A、F_B 都到达最大值，有补充方程

$$\begin{cases} F_A = f_s F_{NA} \\ F_B = f_s F_{NB} \end{cases} \tag{4}$$

由式（1）得 $F_{NA}=F_{NB}=F_N$，代入方程组（4）得到

$$F_A=F_B=F_{max}=f_sF_N$$

将上式代入式（2）和式（3），分别得到

$$F=2F_{max}=2f_sF_N \tag{5}$$

$$Fa-F_Nb=0 \tag{6}$$

联立式（5），式（6），解得

$$a_{临界}=\frac{b}{2f_s}$$

将式（6）改写为 $F_N=\dfrac{F}{b}a$，当 F 和 b 保持不变时，a 减小，滑道 A，B 处的法向约束力 F_{NA}，F_{NB} 也随之减小，最大静摩擦力 $F_{max}=f_sF_N$ 同样减小。因而，当 $a<a_{临界}=\dfrac{b}{2f_s}$，推杆不会因为摩擦力而被卡住。

*3.6　平面静定桁架的内力分析

桁架（truss）是工程中一种常见的结构，是由若干直杆彼此在两端以铰链连接而组成的几何形状不变的结构。其中，各杆件的连接点称为节点。所有杆件的轴线都在同一平面内的桁架称为平面桁架。例如，图 3-18a 所示屋架，可以简化为图 3-18b 所示的平面桁架结构。

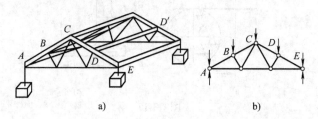

图　3-18

为简化计算，常把实际桁架理想化为：① 各杆在节点处用光滑的铰链连接；② 各杆的轴线都是直线，并通过铰链中心；③ 所有外力都作用于节点上（杆件自身重量通常略去不计，或将自重平均分配到两端的节点上作为荷载考虑），对于平面桁架，所有外力在同一平面内。在上述假设下，桁架中的每根杆件都是二力杆。

桁架是特殊的刚体系统，其特点是构成桁架的各根杆件均抽象成二力杆。在设计桁架时，需要知道桁架中各杆的受力（各杆的内力）。平面桁架杆件内力计算的基本方法有：

1）节点法：以桁架的节点为研究对象，应用平面汇交力系的平衡条件求解杆件内力的方法。

2）截面法：将桁架沿某一面截出一部分作为研究对象，应用平面任意力系的平衡条件求解杆件内力的方法。

例3-10　　图3-19a所示为平面桁架受两个竖直荷载的作用。试用节点法求各杆的内力。

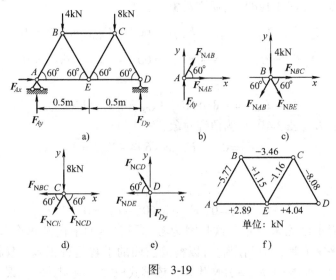

图 3-19

解　　（1）首先以整体为研究对象求出支座约束力。

$$\sum F_x = 0, \ F_{Ax} = 0$$

$$\sum M_D = 0, \ -F_{Ay} \times 1\text{m} + 4 \times 0.75\text{kN} \cdot \text{m} + 8 \times 0.25\text{kN} \cdot \text{m} = 0$$

$$\sum M_A = 0, \ F_{Dy} \times 1\text{m} - 8 \times 0.75\text{kN} \cdot \text{m} - 4 \times 0.25\text{kN} \cdot \text{m} = 0$$

得到

$$F_{Ay} = 5\text{kN}, \ F_{Dy} = 7\text{kN}$$

（2）用节点法求各杆内力。截取节点 A 为研究对象，其受力图如图3-19b所示。假设各杆件内力均为拉力，则节点 A 的平衡方程为

$$\sum F_x = 0, \ F_{NAB}\cos 60° + F_{NAE} = 0$$

$$\sum F_y = 0, \ F_{NAB}\sin 60° + F_{Ay} = 0$$

得到

$$F_{NAB} = -5.77\text{kN}, \ F_{NAE} = 2.89\text{kN}$$

F_{NAE} 计算结果为正，说明该杆内力确为拉力；F_{NAB} 计算结果为负，说明该杆内力与所设拉力相反，应为压力。

选取节点 B（图3-19c）为研究对象，其平衡方程为

$$\sum F_x = 0, \ F_{NBC} + F_{NBE}\cos 60° - F_{NAB}\cos 60° = 0$$

$$\sum F_y = 0, \ -4\text{kN} - F_{NAB}\sin 60° - F_{NBE}\sin 60° = 0$$

得到

$$F_{NBC} = -3.46\text{kN}, \ F_{NBE} = 1.15\text{kN}$$

选取节点 C（图3-19d）为研究对象，有

$$\sum F_x = 0, \ -F_{NBC} - F_{NCE}\cos 60° + F_{NCD}\cos 60° = 0$$

$$\sum F_y = 0, \ -8\text{kN} - F_{NCD}\sin 60° - F_{NCE}\sin 60° = 0$$

得到

$$F_{NCD} = -8.08\text{kN}, \ F_{NCE} = -1.16\text{kN}$$

选取节点 D（图3-19e）为研究对象，有

$$\sum F_x = 0, \ -F_{NCD}\cos 60° - F_{NDE} = 0$$

得到

$$F_{NDE} = 4.04\text{kN}$$

$$\sum F_y = 0, \ F_{NCD}\sin 60° + F_{Dy} = 0$$

显然，此方程中已无未知量，这是因为考虑了整体的平衡及每个节点的平衡，故有多余的平衡方程，但利用它可以检验前面的求解是否正确。现将前面求得的 $F_{NCD} = -8.08\text{kN}$ 和 $F_{Dy} = 7\text{kN}$ 代入，该等式成立，说明计算无误。

把杆件内力标在各杆的一侧（图3-19f），正号表示该杆为拉杆，负号表示该杆为压杆。

例3-11 用截面法求图3-20a中所示桁架 BC 和 BE 两杆的内力。

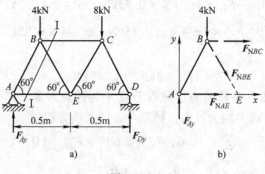

图 3-20

解 由桁架的整体平衡，首先求支座约束力。

$$F_{Ay} = 5\text{kN}, \ F_{Dy} = 7\text{kN}$$

用截面 I - I 将需求内力的杆 BC，BE 连同杆 AE 一起截断，取截面 I - I 左

边的部分桁架为分离体，并设各杆未知内力均为拉力（图 3-20b）。列平衡方程

$$\sum F_y = 0, \quad F_{Ay} - 4 - F_{NBE}\sin 60° = 0$$

解得

$$F_{NBE} = 1.15\text{kN}$$

由

$$\sum M_E = 0, \quad -F_{NBC} \times 0.5\sin 60° - F_{Ay} \times 0.5\text{m} + 4 \times 0.25\text{kN} = 0$$

解得

$$F_{NBC} = -3.46\text{kN}$$

负号表明杆件 BC 的内力与所设的拉力相反，应为压力。

思 考 题

3-1 不平衡的平面力系，已知该力系对 x 轴投影的代数和为零，且对平面内 A 点之矩的代数和为零，问此力系简化的结果如何？

3-2 对于平面一般力系，应用二矩式平衡方程时，为什么要附加两矩心的连线不能与投影轴垂直？

3-3 若平面一般力系满足平衡方程 $\sum F_x = 0$ 和 $\sum F_y = 0$，但不满足平衡方程 $\sum M_O = 0$。试问该力系简化的结果是什么？

3-4 何谓超静定结构？如何判断超静定的次数？

3-5 在粗糙的斜面上放置重物，当重物不下滑时，敲打斜面板，重物可能会下滑。试解释其原因。

3-6 静摩擦定律中的法向约束力指什么？它是否指接触物体的重量？

习 题

3-1 在习题 3-1 图所示结构中，A，B，C 处均为光滑铰接。已知 F = 400N，杆重不计，尺寸如图所示。试求 A 点和 C 点处的约束力。

3-2 在安装设备时常用起重扒杆，它的简图如习题 3-2 图所示。起重摆杆 AB 重 G_1 = 1.8kN，作用在 C 点，且 BC = 0.5AB。提升的设备重量为 G = 20kN。试求系在起重摆杆 A 端的绳 AD 的拉力以及 B 处的约束力。

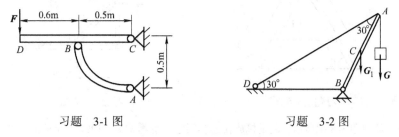

习题 3-1 图   习题 3-2 图

3-3 求习题 3-3 图所示梁的支座约束力，梁重及摩擦均不计。

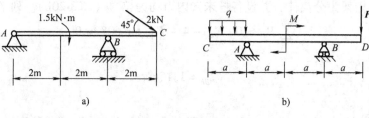

习题 3-3 图

3-4 如习题 3-4 图所示，水平梁 AB（视为均质杆）重为 P，长为 $2a$，其 A 端插入墙内，B 端与重量为 G 的均质杆 BC 铰接，C 点靠在光滑的竖直墙上，$\angle ABC = \alpha$，试求 A，C 两点的约束力。

3-5 某托架结构尺寸及受力如习题 3-5 图所示。已知 $F = 10\text{kN}$，求支座 A 和 C 处的约束力（图中尺寸的单位为 mm）。

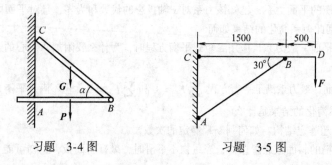

习题 3-4 图   习题 3-5 图

3-6 如习题 3-6 图所示，梯子的两部分 AB 和 AC 在点 A 铰接，又在 D 和 E 两点用水平绳连接。梯子放在光滑的水平面上，其一边作用有竖直力 P，尺寸如图所示，夹角 α 已知。若不计梯重，求绳的拉力及铰链 A 的约束力。

3-7 如习题 3-7 图所示的平面结构，各杆自重不计，已知 q，a。求支座 A，B，D 处的约束力和 BC 杆的内力。

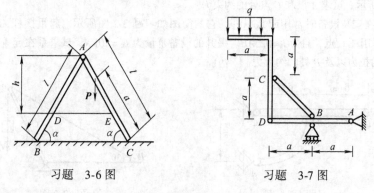

习题 3-6 图   习题 3-7 图

3-8 如习题 3-8 图所示，起重机放在连续梁上，重物重 $P = 10\text{kN}$，起重机重 $W = 50\text{kN}$，其重心位于竖直线 CE 上，梁自重不计，求支座 A，B 和 D 的约束力。

3-9　已知一物块重 $F_P = 150$N，用水平力 $F = 800$N 压在一直表面上，如习题 3-9 图所示，其静摩擦因数 $f_s = 0.2$，问此时物块所受的摩擦力等于多少？

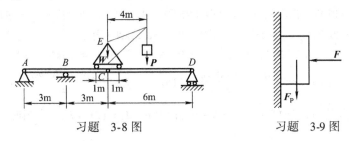

习题　3-8 图　　　　　　　　习题　3-9 图

3-10　如习题 3-10 图所示，铁板重 2kN，其上压一重 5kN 的重物，拉住重物的绳索与水平面成 30°角，今欲将铁板抽出。已知铁板和水平面间的摩擦因数 $f_1 = 0.20$，重物和铁板间的摩擦因数 $f_2 = 0.25$，求抽出铁板所需力 F 的最小值。

3-11　物块重 G，置于粗糙的水平面上，二者之间的摩擦角为 φ_m。今以习题 3-11 图所示之力推动物块，问力 F 倾斜角 α 为多少时用力省？最小的力 F_{min} 为多少？

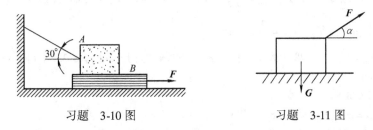

习题　3-10 图　　　　　　　　习题　3-11 图

3-12　用节点法计算习题 3-12 图所示各个杆件的内力，已知：$F_{P1} = 40$kN，$F_{P2} = 10$kN。

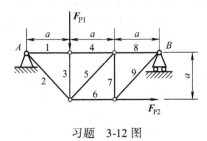

习题　3-12 图

3-13　用截面法求习题 3-13 图所示桁架中指定杆件内力，图中力的单位为 kN。

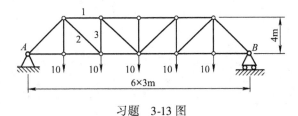

习题　3-13 图

习 题 答 案

3-1　$F_{Cx}=880$N（向右），$F_{Cy}=480$N（向下）；$F_{Ax}=880$N（向左），$F_{Ay}=880$N（向上）

3-2　$F_T=20.9$kN，$F_{Bx}=18$kN（向右），$F_{By}=32.25$kN（向上）

3-3　（a）$F_{Ax}=1.41$kN（向左），$F_{Ay}=1.09$kN（向下）；$F_B=2.5$kN（向上）

　　（b）$F_A=F+qa-\dfrac{3Fa+M-0.5qa^2}{2a}$（向上），$F_B=\dfrac{3Fa+M-0.5qa^2}{2a}$（向上）

3-4　$F_{Ax}=\dfrac{G}{2}\cot\alpha$（向左），$F_{Ay}=G+P$（向上），$M_A=(2G+P)\ a$（逆时针转），$N_C=$

$\dfrac{G}{2}\cot\alpha$（向右）

3-5　$F_A=26.6$kN（压力），$F_{Cx}=23$kN（向左），$F_{Cy}=3.3$kN（向下）

3-6　$F_T=\dfrac{a\cos\alpha}{2h}P$，$F_{Ax}=-\dfrac{a\cos\alpha}{2h}P$，$F_{Ay}=-\dfrac{a}{2l}P$

3-7　$F_{BC}=\dfrac{\sqrt{2}}{2}qa$（拉力），$F_B=\dfrac{5}{2}qa$（向上），$F_{Ax}=0$，$F_{Ay}=\dfrac{3}{2}qa$（向下），

$F_{Dx}=\dfrac{1}{2}qa$（向左），$F_{Dy}=\dfrac{3}{2}qa$（向下）

3-8　$F_{Ax}=0$，$F_{Ay}=48.3$kN（向下），$F_B=100$kN（向上），$F_D=8.33$kN（向上）

3-9　160N

3-10　2.36kN

3-11　$\alpha=\alpha_m$，$F_{min}=G\sin\varphi_m$

3-12　$F_1=20$kN（压），$F_2=42.4$kN（拉），$F_3=40$kN（压），$F_4=20$kN（压），$F_5=$
$F_9=14.1$kN（拉），$F_6=20$kN（拉），$F_7=F_8=10$kN（压）

3-13　$F_1=22.5$kN（压），$F_2=18.75$kN（拉），$F_3=5$kN（压）

第4章 空间力系

在工程中，经常遇到物体所受各力作用线不在同一平面内，而是空间分布的，即**空间力系**（forces in space）。按各力作用线的相对位置，也可分为**空间汇交力系**、**空间力偶系**、**空间平行力系**和**空间任意力系**。显然，空间任意力系是力系的最一般形式，如图 4-1 所示。

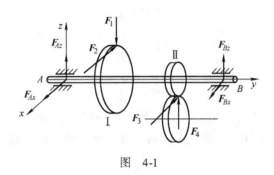

图　4-1

本章重点研究空间力系的平衡方程及应用。

4.1　空间力在坐标轴上的投影

根据力在坐标轴上的投影的概念，可以求得一个任意力在空间直角坐标轴上的三个投影。如图 4-2 所示，若已知力 F 与三个坐标轴 x，y，z 的夹角分别为 α，β，γ 时，则 F 在三个坐标轴上的投影分别为

$$\begin{cases} F_x = F\cos\alpha \\ F_y = F\cos\beta \\ F_z = F\cos\gamma \end{cases} \tag{4-1}$$

以上投影方法称为**直接投影法**，或**一次投影法**。

由图 4-2 可见，若以 F 为对角线，以三个坐标轴为棱边作正六面体，则此正六面体的三条棱边之长正好等于力 F 在三个轴上投影 F_x，F_y，F_z 的绝对值。

也可采用二次投影法，如图 4-3 所示，当空间的力 F 与其一坐标轴（如 z 轴）的夹角 γ 及力在垂直此轴的坐标面（xOy 面）上的投影与另一坐标轴（如 x 轴）的

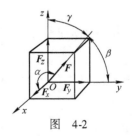

图　4-2

夹角 φ 已知时，可先将力 F 投影到该坐标面内，然后再将力向其他坐标轴上投影，这种投影方法称为二次投影法。图 4-3 所示的力 F 在三个坐标轴上的投影为

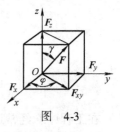

图 4-3

$$\begin{cases} F_x = F\sin\gamma\cos\varphi \\ F_y = F\sin\gamma\sin\varphi \\ F_z = F\cos\gamma \end{cases}$$

反之，当已知力 F 在三个坐标轴上投影时，也可求出力 F 的大小和方向

$$F = \sqrt{F_x^2 + F_y^2 + F_z^2} \tag{4-2}$$

$$\cos\alpha = \frac{F_x}{F}$$

$$\cos\beta = \frac{F_y}{F} \tag{4-3}$$

$$\cos\gamma = \frac{F_z}{F}$$

例 4-1 长方体上作用有三个力，其大小分别为 $F_1 = 50\text{N}$，$F_2 = 100\text{N}$，$F_3 = 150\text{N}$，方向与尺寸如图 4-4 所示，求各力在三坐标轴上的投影。

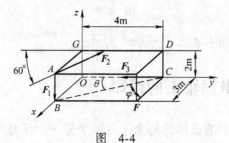

图 4-4

解 由于力 F_1 和 F_2 与坐标轴间的方向角都为已知，可应用直接投影法，力 F_3 与坐标轴的方位角 φ 及仰角 θ 已知，可用两次投影法，由几何关系知

$$\sin\theta = \frac{AB}{AC} = \frac{2}{5.39}, \quad \cos\theta = \frac{BC}{AC} = \frac{5}{5.39}$$

$$\sin\varphi = \frac{BF}{BC} = \frac{4}{5} \quad \cos\varphi = \frac{CF}{BC} = \frac{3}{5}$$

各力在坐标轴上的投影分别为

$$F_{1x} = F_1\cos90° = 0$$

$$F_{1y} = F_1\cos90° = 0$$

$$F_{1z} = F_1\cos180° = -50\text{N}$$

$$F_{2x} = -F_2\cos30° = -50\sqrt{3}\text{N}$$

$$F_{2y} = F_2 \sin 30° = 50 \text{N}$$

$$F_{2z} = F_2 \cos 90° = 0$$

$$F_{3x} = F_3 \cos\theta\cos\varphi = 83.49 \text{N}$$

$$F_{3y} = -F_3 \cos\theta\sin\varphi = -111.32 \text{N}$$

$$F_{3z} = F_3 \sin\theta = 55.66 \text{N}$$

4.2 力对点的矩和力对轴的矩

1. 力对点的矩以矢量表示——力矩矢

在平面问题中，用代数量表示力对点的矩足以概括他的全部要素。但在空间问题中，不仅要考虑力矩的大小、转向，还要注意力与矩心所组成的平面（力矩作用面）的方位。方位不同，即使力矩大小一样，作用效果也将完全不同。这三个因素可以用力矩矢 $M_O(F)$ 来描述。

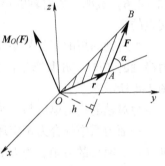

如图 4-5 所示，以 r 表示力作用点 A 的矢径，则矢积 $r \times F$ 的模等于 $\triangle OAB$ 面积的两倍，其方向与力矩矢一致。因此可得

$$M_O(F) = r \times F \qquad (4-4)$$

上式为力对点的矩的矢积表达式，即力对点的力矩矢等于矩心到该力作用点的矢径与该力的矢量积。其中矢量的模 $|M_O(F)| = Fh = 2A_{\triangle OAB}$，矢量的方位和力矩作用面的法线方向相同，矢量的指向按右手螺旋法则来确定。

图 4-5

2. 力对轴之矩

在实际工程中，经常遇到绕固定轴转动的情况，如图 4-6 所示。以推门为例，讨论力对轴的矩。实践证明，力使门转动的效应不仅取决于力的大小和方向，而且与力作用的位置有关。如图 4-6a，b 所示推门时，沿 F_1，F_2 方向施加外力，力的作用线若与门的转轴平行或相交，则力无论多大，都不能推开门。

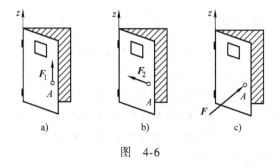

a)   b)   c)

图 4-6

如图 4-6c 所示，力 F 作用在垂直于门的方向，且不通过门轴时，门就能推开，并且力越大，或其作用线与门轴间的垂直距离越大，转动效果越显著。

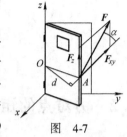

图 4-7

在一般情况下，如图 4-7 所示，设有一力 F，作用于 A 点，其作用线与 z 轴既不平行也不相交。若计算该力对 z 轴的矩，可将 F 分解为两个分力 F_{xy} 与 F_z。因 F_z 平行于 z 轴，对 z 轴无转动效应。显然，只有力 F_{xy} 才能使刚体产生绕 z 轴转动的效应。而 F_{xy} 对 z 轴的力矩就是力 F_{xy} 对 O 点的矩，即

$$M_z(F) = M_z(F_{xy}) = M_O(F_{xy}) = \pm F_{xy} \cdot d \tag{4-5}$$

或

$$M_z(F) = \pm F \cdot \cos\alpha \cdot d \tag{4-6}$$

式（4-6）表明，力对轴的矩等于力在与轴垂直的平面上的投影对轴与该平面的交点的矩。

力对轴的矩的正负号规定如下：按右手螺旋法则，即用右手的四指来表示力绕轴的转向，如果拇指的指向与 z 轴正向相同，力矩为正，反之为负，如图 4-8 所示。

力对轴的矩的单位与力对点的矩的单位相同，为 N·m 或 kN·m。

平面力系中的合力矩定理在空间力系中仍然适用。如图 4-9 所示，力 F 对某轴（如 z 轴）的力矩，为力 F 在 x，y，z 三个坐标方向的分力 F_x，F_y，F_z 对同轴（z 轴）力矩的代数和，称为合力矩定理。

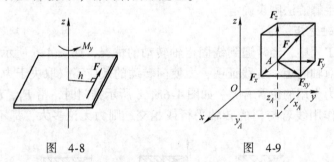

图 4-8   图 4-9

$$M_z(F) = M_z(F_x) + M_z(F_y) + M_z(F_z) \tag{4-7}$$

因分力 F_z 平行于 z 轴，故 $M_z(F_z) = 0$，于是

$$M_z(F) = M_z(F_x) + M_z(F_y)$$

同理可得

$$M_x(F) = M_x(F_y) + M_x(F_z) \tag{4-8}$$

$$M_y(F) = M_y(F_x) + M_y(F_z)$$

力对轴之矩的解析表示式为

$$M_x(\boldsymbol{F}) = F_z \cdot y_A - F_y \cdot z_A$$
$$M_y(\boldsymbol{F}) = F_x \cdot z_A - F_z \cdot x_A \tag{4-9}$$
$$M_z(\boldsymbol{F}) = F_y \cdot z_A - F_x \cdot y_A$$

应用上式时，分力 $\boldsymbol{F}_x$，$\boldsymbol{F}_y$，$\boldsymbol{F}_z$ 及坐标 x_A，y_A，z_A 均应考虑本身的正负号，所得力矩的正负号也将表明力矩绕轴的转向。

例 4-2　计算图 4-10 所示手摇曲柄上的力 F 对 x，y，z 轴之矩。已知 $F =$ 100N，$\alpha = 60°$，$AB = 20\text{cm}$，$BC = 40\text{cm}$，$CD = 15\text{cm}$，A，B，C，D 处于同一水平面上。

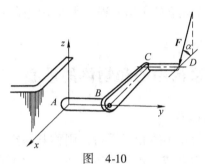

图　4-10

解　力 $\boldsymbol{F}$ 为平行于 xAz 平面的平面力，在 x 轴和 z 轴上有投影
$$F_x = F\cos\alpha, \quad F_z = -F\sin\alpha$$
则力 $\boldsymbol{F}$ 对 x，y，z 各轴的力矩为
$$M_x(\boldsymbol{F}) = -F_z(AB + CD) = -3031\text{N} \cdot \text{cm}$$
$$M_y(\boldsymbol{F}) = -F_z BC = -3464\text{N} \cdot \text{cm}$$
$$M_z(\boldsymbol{F}) = -F_x(AB + CD) = -1750\text{N} \cdot \text{cm}$$

4.3　空间任意力系的平衡

和平面任意力系一样，空间任意力系也可应用力的平移定理向任一点简化，而得到一个空间汇交力系和一个空间力偶系，从而合成为一个力 $\boldsymbol{R}'$ 和一个附加力偶 $\boldsymbol{M}_O$。此合力与附加力偶在一起与原力系等效。

其力的大小为
$$R' = \sum F = \sqrt{\left(\sum F_x\right)^2 + \left(\sum F_y\right)^2 + \left(\sum F_z\right)^2} \tag{4-10}$$
其附加力偶的大小矩为
$$M_O = \sum M_O(\boldsymbol{F}) = \sqrt{\left[\sum M_z(\boldsymbol{F})\right]^2 + \left[\sum M_y(\boldsymbol{F})\right]^2 + \left[\sum M_z(\boldsymbol{F})\right]^2} \tag{4-11}$$

即原力系中各力对于简化中心之矩的代数和。

若空间任意力系平衡，则力系中各力的矢量和与各力对于简化中心之矩的代数和均为零。因此得到

$$\sum F_x = 0, \ \sum F_y = 0, \ \sum F_z = 0$$

$$\sum M_x(\boldsymbol{F}) = 0, \ \sum M_y(\boldsymbol{F}) = 0, \ \sum M_z(\boldsymbol{F}) = 0 \qquad (4\text{-}12)$$

由此可知，**空间任意力系平衡的必要和充分条件是：力系中所有各力在任意相互垂直的三个坐标轴的每个轴上的投影的代数和等于零，以及力系对于这三个坐标轴的矩的代数和分别等于零。**

空间任意力系有 6 个独立的平衡方程，所以空间任意力系问题至多可解 6 个未知量。

4.4 空间平行力系的中心和物体的重心

1. 空间平行力系的中心

若空间力系各合力的作用线相互平行，则称其为空间平行力系。空间平行力系的合成可依次取二力合成，重复进行下去，最后可得合成结果。其结果有三种情况：为一合力；为一力偶；力系平衡。若力系为一合力时，则合力的作用点即是平行力系的中心，并可证明，**平行力系的中心只与平行力系中各力的大小和作用点的位置有关，而与各平行力的方向无关。**

2. 重心（center of gravity）**的概念**

重心是平行力系中心的一个特例，在地面上的一切物体都受到地球的重力作用，物体是由许多微小部分组成的，可以把物体各部分的重力看成是铅垂向下、相互平行的空间平行力系，这个空间平行力系的合力为物体的重力，重力的大小等于物体所有各部分重力大小的总和，重力的作用点即是空间平行力系的中心，称为**物体的重心**。

若将物体看成刚体，则不论物体在空间处于什么位置，也不论怎样放置，它的重心在物体中的相对位置是确定不变的。因为重心是物体的重力作用点，若在重心位置加上一个与重力大小相等、方向相反的力，即可以使物体平衡。因此，悬挂或支持在重心位置的物体在任何位置都能保持平衡。

在工程中，确定物体重心的位置十分重要，例如起吊重物时，吊钩必须位于被吊物体的重心正上方，以保证起吊后保持物体的平衡；高速转动的零件，都要求在设计、制造、安装时使其重心位于转轴轴线上，以免引起强烈振动等。

3. 重心和形心（centroid）**的坐标公式**

我们可应用合力矩定理来确定重心位置。

设物体重心坐标为 x_C，y_C，z_C，如图 4-11 所示。将物体分成若干微小部分，其重力分别为 ΔW_1、ΔW_2、$\cdots$、ΔW_n，各力作用点的坐标分别为 $(x_1$，y_1，$z_1)$，$(x_2$，y_2，$z_2)$，$\cdots$，$(x_n$，y_n，$z_n)$。物体重力 W 的值为 $W = \sum \Delta W_i$。

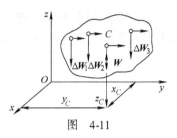

图 4-11

根据合力矩定理，有

$$M_x(W) = \sum M_x(\Delta W_i)$$

$$M_y(W) = \sum M_y(\Delta W_i)$$

$$-y_C \cdot W = -\sum y_i \cdot \Delta W_i$$

$$x_C \cdot W = \sum x_i \cdot \Delta W_i$$

根据力系中心的位置与各平行力的方向无关的性质，可将物体连同坐标系一起绕 x 轴顺时针转过90°，使 y 轴朝下，这时，重力 W 和各力 ΔW_i 都与 y 轴同向平行，再对 x 轴应用合力矩定理，得 $-z_C \cdot W = -\sum z_i \cdot \Delta W_i$

因此，物体重心 C 的坐标公式为

$$x_C = \frac{\sum x_i \Delta W_i}{W}$$

$$y_C = \frac{\sum y_i \Delta W_i}{W} \tag{4-13}$$

$$z_C = \frac{\sum z_i \Delta W_i}{W}$$

若物体为均质，其密度为 ρ，以 $W = \rho g V$，$\Delta W_i = \rho g \Delta V_i$ 代入上式，令 $\Delta V_i \to 0$ 取极限，即可得

$$x_C = \frac{\sum x_i \Delta V_i}{V} = \frac{\int_V x \mathrm{d}V}{V}$$

$$y_C = \frac{\sum y_i \Delta V_i}{V} = \frac{\int_V y \mathrm{d}V}{V} \tag{4-14}$$

$$z_C = \frac{\sum z_i \Delta V_i}{V} = \frac{\int_V z \mathrm{d}V}{V}$$

可见，均质物体的重心完全取决于物体的几何形状，而与物体的重量无关。因此，均质物体的重心也称为形心，但应注意：重心和形心是两个不同的概念，只有均质物体的重心和形心才重合于一点。式 (4-14) 称为体积形心坐标公式。

若物体是均质薄壳（或薄板），以 A 表示壳或板的表面面积，ΔA_i 表示微小部分的面积，同理可求得均质薄壳的重心或形心 C 的位置坐标公式为

$$x_C = \frac{\sum x_i \Delta A_i}{A} = \frac{\int_A x\,\mathrm{d}A}{A}$$

$$y_C = \frac{\sum y_i \Delta A_i}{A} = \frac{\int_A y\,\mathrm{d}A}{A} \tag{4-15}$$

$$z_C = \frac{\sum z_i \Delta A_i}{A} = \frac{\int_A z\,\mathrm{d}A}{A}$$

若物体是等截面均质细杆（或细线），以 L 表示细杆的长度，ΔL_i 表示微小部分的长度，同样可求得细杆的重心或形心 C 的位置坐标公式为

$$x_C = \frac{\sum x_i \Delta L_i}{L} = \frac{\int_L x\,\mathrm{d}L}{L}$$

$$y_C = \frac{\sum y_i \Delta L_i}{L} = \frac{\int_L y\,\mathrm{d}L}{L} \tag{4-16}$$

$$z_C = \frac{\sum z_i \Delta L_i}{L} = \frac{\int_L z\,\mathrm{d}L}{L}$$

4. 求重心的方法

确定重心位置的方法很多，下面介绍几种常用的方法。

（1）积分法 要求基本规则形体的形心，可将形体分割成无限多个微小形体，在此极限情况下，可利用形心的积分式（4-14）、式（4-15）、式（4-16）求解。

对于常用的一些简单的图形和物体的重心位置可从工程手册中查得。现将几种常用的简单形体的重心列于表 4-1。

表 4-1 常用简单形状均质物体的重心位置

图　　形	重 心 位 置	图　　形	重 心 位 置
	在中线交点上 $y_C = \dfrac{1}{3}h$		$x_C = \dfrac{2(R^3 - r^3)\sin\alpha}{3(R^2 - r^2)\alpha}$

（续）

图　形	重心位置	图　形	重心位置
	在上下底中点的连线上 $$y_C = \frac{h(2a+b)}{3(a+b)}$$		$$x_C = \frac{4R\sin^3\alpha}{3(2\alpha - \sin 2\alpha)}$$
	$$x_C = \frac{r\sin\alpha}{\alpha}$$ 半圆弧 $$\alpha = \pi/2$$ $$x_C = \frac{2r}{\pi}$$		$$y_C = \frac{3}{8}r$$
	$$x_C = \frac{2r\sin\alpha}{3\alpha}$$ 半圆 $\alpha = \pi/2$ $$x_C = \frac{4r}{3\pi}$$		$$z_C = \frac{1}{4}h$$

（2）组合法——有限分割法　机械和结构的零件往往是由几个简单的基本形体组合而成的，每个基本形体的形心位置可以根据对称判断或查表获得。那么，整个形体的形心可用式（4-14），式（4-15）通过有限项的合成求得。具体求法由下面例题说明。

在一基本形体中挖去另一基本形体而形成的残留形状，则只需将被挖去的体积或面积看成负值，仍然可应用组合法来求出其形心。

例 4-3　试求打桩机中偏心块（图 4-12）的形心。已知 $R = 10\text{cm}$，$r_2 = 3\text{cm}$，$r_3 = 1.7\text{cm}$。

解　将偏心块看成由三部分组成：

（1）半圆面 A_1，半径为 R，$A_1 = \dfrac{\pi R^2}{2} = 157\text{cm}^2$，$x_1 = 0$，

$$y_1 = \frac{4R}{3\pi} = \frac{40}{3\pi}\text{cm} = 4.24\text{cm}$$

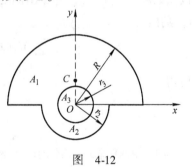

图　4-12

（2）半圆面 A_2，半径为 r_2，$A_2 = \dfrac{\pi r_2^2}{2} = 14\text{cm}^2$，$x_2 = 0$，

$$y_2 = \frac{-4r_2}{3\pi} = \frac{-4 \times 3}{3\pi}\text{cm} = -1.27\text{cm}$$

（3）挖去圆面积 A_3，半径为 r_3，$A_3 = -\dfrac{\pi r_3^2}{2} = -4.54\text{cm}^2$，$x_3 = 0$，$y_3 = 0$

因为 y 轴为对称轴，重心 C 必在 y 轴上，所以，$x_C = 0$。应用式（4-15），则

$$y_C = \frac{\sum A_i y_i}{\sum A_i} = \frac{A_1 y_1 + A_2 y_2 + A_3 y_3}{A_1 + A_2 + A_3} = \frac{157 \times 4.24 - 14 \times 1.27}{157 + 14 - 4.54} \text{cm} = 3.89 \text{cm}$$

（3）实验法 如果物体的形状复杂或质量分布不均匀，则其重心常用实验来确定。

1）悬挂法：对于形状复杂的薄平板，求其形心位置时，可将板悬挂于任一点 A（如图4-13），根据二力平衡原理，板的重力与绳的张力必在同一条直线上，故形心一定在铅垂的挂绳延长线 AB 上。重复施用上述方法，将板挂于 D 点，可得 DE 线。显然可见，平板的重心即为 AB 和 DE 的交点 C。

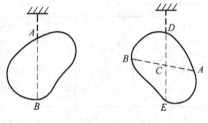

图 4-13

2）称量法：对于形状复杂的零件、体积庞大的物体以及由许多零件组成的机械，可用此法确定其重心的位置。例如，连杆本身具有两个相互垂直的纵向对称面，其重心必在这两个对称平面的交线上，即连杆的中心线 AB 上（图4-14）。其重心在 x 轴上的位置可用下述方法确定：先称出连杆重力 W，然后将其一端支于固定点 A，另一端支承于磅秤上，使中心线 AB 处于水平位置，读出磅秤上读数 F_B，并量出两支点间的水平距离 l，则由

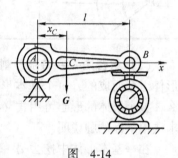

图 4-14

$$\sum M_A(\boldsymbol{F}) = 0, \ F_B l - G x_C = 0$$

可得

$$x_C = \frac{F_B l}{G}$$

思 考 题

4-1 空间任意力系简化的结果是什么？

4-2 若（1）空间力系中各力的作用线平行于某一固定平面，（2）空间力系中各力的作用线分别汇交于两个固定点，试分析这两种力系各有几个平衡方程。

4-3 空间一般力系向三个相互垂直的坐标平面投影，得到三个平面任意力系。为什么其独立的平衡方程数只有六个？

4-4 空间任意力系的平衡方程能否用六个力矩方程？如何选取这六个力矩轴？

4-5 一受空间任意力系作用的方形平板，可用十二根二力杆支撑，如思考题4-5图所示，

但方形平板只能用六根杆支撑才是静定结构。问：(1) 这六根杆应如何布置才可保证此方形平板受力后不会运动？(2) 可否只用五根杆就使方形平板保持平衡？

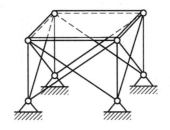

思考题 4-5 图

习 题

4-1 如习题4-1图所示，三脚圆桌的半径 $r = 50$cm，重为 $G = 600$N，圆桌的三脚 A，B 和 C 形成一等边三角形。如在中线 CO 上距圆心为 a 的点 M 处作用一铅垂力 P (1500N)，求使圆桌不致翻倒的最大距离 a。

4-2 小车 C 借如习题4-2图所示装置沿斜面匀速上升，已知重 $G = 10$kN，鼓轮重 $W = 1$kN，四根杠杆的臂长相同且均垂直于鼓轮轴，其端点作用有大小相同的力 F_1，F_2，F_3 及 F_4；求加在每根杠杆上的力的大小及轴承 A，B 的约束力。

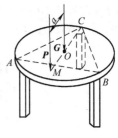

习题 4-1 图

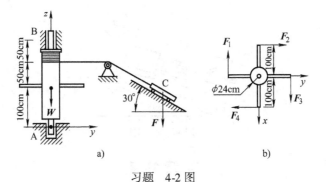

a)   b)

习题 4-2 图

4-3 如习题4-3图所示，均质长方形板 $ABCD$ 重 $G = 200$N，被用球链 A 和蝶铰链 B 固定在墙上，并用绳 EC 维持在水平位置；求绳的拉力和支座的约束力。

4-4 重物重 $G = 10$kN，由杆 AD 及绳索 BD 和 CD 所支持，A 端以铰链固定，A，B，C 三点在同一铅直墙上，OD 垂直于墙面，且 $OD = 20$cm，其尺寸如习题4-4图所示。试求杆 AD 及绳索 BD，CD 所受的力（不计 AD 杆重量）。

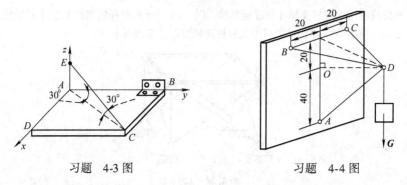

习题 4-3 图 习题 4-4 图

4-5 如习题 4-5 图所示，确定各平面图形的形心。图中单位为 cm。

4-6 如习题 4-6 图所示，一机床的床身总重为 50kN，用称量法测量重心位置。机床的床身水平放置时（$\theta=0°$）拉力计上的读数为 35kN；使床身倾斜 $\theta=20°$ 时，拉力计上的读数为 30kN，床身长为 2.4m。试确定床身重心的位置。

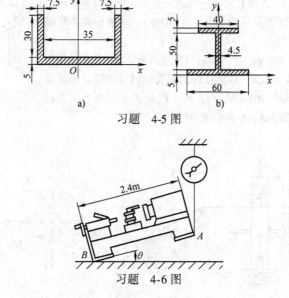

习题 4-5 图

习题 4-6 图

习 题 答 案

4-1 $a=35\text{cm}$

4-2 $F=150\text{N}$；$F_{Ax}=0$，$F_{Ay}=1.25\text{kN}$，$F_{Az}=1\text{kN}$；$F_{Bx}=0$，$F_{By}=3.75\text{kN}$

4-3 $F=200\text{N}$；$F_{Ax}=86.6\text{N}$，$F_{Ay}=150\text{N}$，$F_{Az}=100\text{N}$；$F_{Bx}=F_{Bz}=0$

4-4 $F_{AD}=\dfrac{10}{3}\sqrt{5}\ \text{kN}$（压）；$F_B=F_C=\dfrac{5}{3}\sqrt{3}\ \text{kN}$

4-5 a) $x_C=0$，$y_C=13.75\text{cm}$；b) $x_C=0$，$y_C=26.21\text{cm}$

4-6 重心离地面的高度为 0.659m，离 B 端距离为 1.68m。

第 2 篇　材 料 力 学

第5章 材料力学概述

5.1 材料力学的任务

工程结构或机械的各组成部分，如建筑物的梁和柱、机床的轴等，统称为构件（member）。当工程结构或机械工作时，构件将受到载荷的作用。例如，车床主轴受齿轮啮合力和切削力的作用，建筑物的梁受自身重力和其他物体重力的作用。在外力作用下，构件具有抵抗破坏的能力，但这种能力是有限的。同时，其尺寸和形状也将发生变化，称为变形（deformation）。

为保证工程结构或机械的正常工作，构件应有足够的能力负担起应当承受的载荷。因此，构件必须满足以下要求：

（1）**强度**（strength）**要求** 构件在载荷作用下必须不致破坏，即构件应有足够的抵抗破坏的能力。

（2）**刚度**（stiffness）**要求** 构件在载荷作用下的变形必须在许可的范围内，即构件应有足够的抵抗变形的能力。

（3）**稳定性**（stability）**要求** 构件在载荷作用下必须始终保持其原有的平衡形态，即构件应有足够的保持其原有平衡形态的能力。

设计构件时，必须满足上述所提到的强度、刚度和稳定性的要求。在保证构件满足上述三方面要求的同时，要尽量选用适当的材料和减少材料的消耗量，以节约成本。

综上所述，材料力学的任务就是在满足强度、刚度和稳定性的要求下，为设计既经济又安全的构件提供必要的理论基础和计算方法。

在材料力学中，为进行上述分析和计算，不仅要研究构件的受力状态与变形之间的关系，还要了解材料在外力作用下表现出的变形和破坏等方面的性能，即材料的力学性能（mechanical properties）。而力学性能要由实验来测定。所以实验分析和理论研究同是材料力学解决问题的方法。

5.2 变形固体的基本假设

在静力学中，将研究的物体看成是刚体，即假定受力后物体的几何形状和尺寸是不变的。实际上，刚体是不存在的，任何物体在外力作用下都将发生变形，而且当外力达到某一定值时，物体还会发生破坏。在静力学中，构件的微小变形对静力平衡分析是一个次要因素，故可不考虑；但在材料力学中，研究的是构件的强度、刚度和稳定性等问题，对于这些问题，即使变形很小，也是一个主要因素，必须加以考虑而不能忽略。所以在材料力学中把所研究的构件都视为变形固体或可变形固体。

为方便研究，突出与研究问题有关的主要因素，略去次要因素，对变形固体作如下基本假设：

（1）**连续性假设** 即认为构件在其整个体积内均毫无空隙地充满了物质，因而构件内的某些力学量（如点的位移）均为连续的，并可用坐标的连续函数表示它们的变化规律。

（2）**均匀性假设** 即认为构件内部各点的力学性能都相同，不随位置坐标而改变。这样，如从构件中取出一部分，不论大小，也不论从何处取出，力学性能总是相同的。

（3）**各向同性假设** 即认为构件沿任何方向的力学性能都是相同的。具有这种属性的材料称为**各向同性**（isotropic）材料，如钢、铜、玻璃等。沿不同方向力学性能不同的材料称为**各向异性**（anisotropic）材料，如木材、胶合板等。

（4）**小变形假设** 即认为构件的变形或因变形而引起的位移都远小于构件的最小尺寸。这样，在研究构件的平衡和运动时，可以略去微小变形的影响，按构件变形前的原始形状和尺寸作分析。

除上述几项基本假设外，在材料力学中还将采用一些简化内力及变形的假设，在后面有关章节中将陆续介绍。

5.3　内力、截面法和应力

变形体在受到外力作用时，其内部各部分之间因相对位置改变而引起的相互作用力就是材料力学中要研究的内力（internal forces）。这样的内力随外力的增加而加大，到达某一极限时就会引起构件破坏，因而内力与构件强度密切相关。

为了显示出构件在外力作用下 m-m 截面上的内力，用平面假想地把构件分成左右两部分（见图 5-1a）。任取其中一部分，例如左半部分，作为研究对象。在该部分上作用的外力有 F_1 和 F_3，欲使其保持平衡，则右半部分必然有力作用于左半部分的 m-m 截面上，以与该部分的外力相平衡，如图 5-1b 所示。根据作用与反作用定律可知，右半部分必然也以大小相等、方向相反的力作用于左半部分上。上述左、右两部分间相互作用的力就是构件在 m-m 截面上的内力。由于内力是连续分布于截面上的一个分布力系，所以今后常把这个分布内力系向截面的形心简化后得到的主矢和主矩称为截面上的内力。

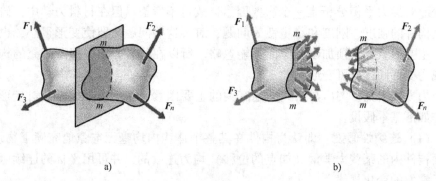

图　5-1

以上用截面假想地把构件分成两部分，以显示并确定内力的方法称为**截面法**。它是分析构件内力的一般方法，可将其归纳为四个步骤：

一"切"：用一个假想的面沿欲求内力的截面把构件切开，分成两部分；

二"抛"：抛去其中一部分，保留另一部分研究；

三"代"：用截面上的内力代替抛去部分对剩下部分的作用；

四"平"：对保留部分列出平衡方程，求出未知内力。

有关截面法的具体应用将在后面各章中陆续介绍。

如上所述，截面上的内力是一个连续分布的内力系。为了描述内力的分布情况，我们引入内力集度即应力（stress）的概念。如图 5-2a 所示，在截面 m-m 上围绕任意一点 C 取微小面积 ΔA，ΔA 上分布内力的合力为 ΔF。随着面积 ΔA 的减小，微小面积上的分布力将趋于均匀分布，则 C 点处作用在法向为 n 的微小面积 ΔA 上的**应力**定义为

$$p = \lim_{\Delta A \to 0} \frac{\Delta F}{\Delta A} \tag{5-1}$$

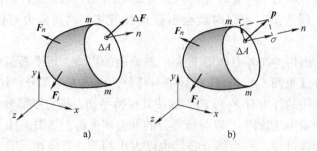

图　5-2

式（5-1）中 p 称为 C 点的应力。它是分布内力系在 C 点的集度，反映内力系在 C 点的强弱程度。p 是一个矢量，一般既不与截面垂直，也不与截面相切。通常把应力 p 分解成垂直于截面的分量 σ 和切于截面的分量 τ（见图 5-2b）。σ 称为**正应力**（normal stress），τ 称为**切应力**（shear stress）。显然有

$$p = \sqrt{\sigma^2 + \tau^2} \tag{5-2}$$

应力的基本单位是帕（Pa），全称为"帕斯卡"，$1\,\mathrm{Pa} = 1\,\mathrm{N/m^2}$。应力常用的单位是 $10^6\,\mathrm{Pa}$，记为 MPa。

5.4 变形与应变

构件在外力作用下尺寸和形状一般都将发生改变，称为变形（deformation）。构件在变形的同时，其上的点、线、面相对于初始位置也要发生变化，这种位置的变化称为位移（displacement）。

为了研究构件的变形，可以假想把构件分割成无数微小的正六面体，当正六面体的各边边长为无限小时，称为单元体（element）。构件变形后，其任一单元体棱边的长度及两棱边间的夹角都将发生变化。从构件中取出包含 D 点的单元体如图 5-3a 所示，变形前平行于 x 轴的棱边 ab 的长度为 Δx，变形后其长度的改变量为 Δu，如图 5-3b 所示，则定义

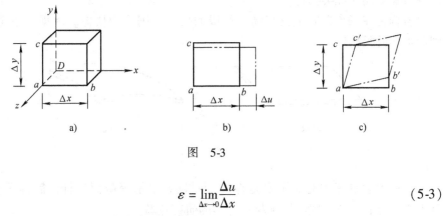

图 5-3

$$\varepsilon = \lim_{\Delta x \to 0} \frac{\Delta u}{\Delta x} \tag{5-3}$$

为 D 点沿 x 方向的线应变或正应变（normal strain）。

构件变形后，其任一单元体不仅棱边的长度会发生改变，而且其原来相互垂直的两条棱边的夹角也将发生变化，如图 5-3c 所示，则定义

$$\gamma = \lim_{\substack{\Delta x \to 0 \\ \Delta y \to 0}} \left(\frac{\pi}{2} - \angle c'ab' \right) \tag{5-4}$$

为 D 点在 xy 面内的角应变或切应变（shear strain）。

线应变 ε 和切应变 γ 是度量一点处变形程度的两个基本量，它们的量纲为一。

5.5 构件分类及杆件变形的基本形式

在生产实践中遇到的构件形状是多种多样的。根据几何形状和尺寸的不同，工程构件可以大致分为杆、板、壳和块体。

若构件在某一方向上的尺寸比其余两个方向上的尺寸大得多，则称为杆。汽车发动机的连杆、曲轴等均属此类构件。杆横截面形心的连线称为轴线。若杆的轴线是直的，则称为直杆（见图5-4a）；若杆的轴线是曲线，则称为曲杆（见图5-4b）。所有横截面的形状和尺寸都相同的杆件称为等截面杆；不同者称为变截面杆。

a) 直杆   b) 曲杆

图 5-4

若构件在某一方向的尺寸比其余两个方向上的尺寸小得多，则称为板或壳。中面是平面的为板（见图5-5a）；中面是曲面的为壳（见图5-5b）。穹形屋顶、薄壁容器等均属此类构件。

若构件在三个方向上具有同一量级的尺寸，则称为块体。水坝、建筑物基础等均属此类构件。

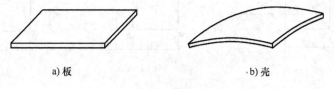

a) 板   b) 壳

图 5-5

材料力学研究的对象主要是杆件，而且大多是等截面直杆，简称等直杆。至于板、壳和块体一般不属于材料力学的研究范畴。

杆件受外力作用发生的变形也是多种多样的。归纳起来，最简单最基本的变形形式有如下四种：

（1）拉伸或压缩   图5-6a所示一简易吊车，在载荷 F 作用下，AB 杆受到拉伸（见图5-6b），而 AC 杆受到压缩（见图5-6c）。这类变形形式是由大小相等、方向相反、作用线与杆件轴线重合的一对力引起的，表现为杆件的长度发生伸长或缩短。起吊重物的钢索、桁架的杆件等的变形，都属于拉伸或压缩变形。

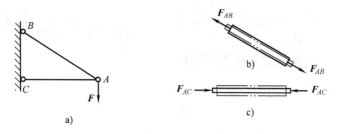

图　5-6

（2）**剪切**　图 5-7a 表示一铆钉连接，在力 **F** 作用下，铆钉即受到剪切。这类变形形式是由大小相等、方向相反、相互平行的力引起的，表现为受剪杆件的两部分沿外力作用方向发生相对错动（见图 5-7b）。机械中常用的连接件，如键、销钉、螺栓等都产生剪切变形。

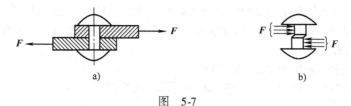

图　5-7

（3）**扭转**　图 5-8a 所示的汽车转向轴 AB，在工作时发生扭转变形。这类变形形式是由大小相等、方向相反、作用面都垂直于杆轴的两个力偶引起的（见图 5-8b），表现为杆件任意两个横截面发生绕轴线的相对转动。汽车的传动轴、电动机主轴等，都是受扭杆件。

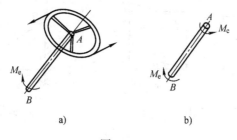

图　5-8

（4）**弯曲**　图 5-9a 所示的火车轮轴的变形，即为弯曲变形。这类变形形式是由垂直于杆件轴线的横向力，或由作用于包含杆轴的纵向平面内的一对大小相等、方向相反的力偶引起的，表现为杆件轴线由直线变为曲线（见图 5-9b）。桥式起重机的大梁、车刀等的变形，都属于弯曲变形。

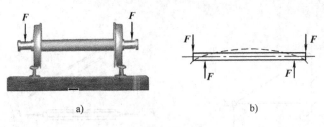

图 5-9

还有一些杆件同时发生几种基本变形，例如车床主轴工作时发生弯曲、扭转和压缩三种基本变形；钻床立柱同时发生拉伸和弯曲两种基本变形。这种情况称为组合变形。

思 考 题

5-1　结合工程实际或日常生活实例说明构件的强度、刚度和稳定性概念。

5-2　研究变形体静力学问题时，为什么要作均匀性、连续性、各向同性和小变形假设？

5-3　刚体静力学中的力的可传性原理和力线平移定理在求变形体的内力时是否仍然适用？试举例说明。

5-4　内力和应力有什么联系和区别？

5-5　杆件基本的变形形式有哪些？试列举若干工程实例。

习 题

5-1　习题5-1图中所示两个微元体受力变形后如双点画线所示，分别计算两微元体的切应变。

5-2　判断并指出习题5-2图中各杆将发生何种基本变形或何种基本变形的组合变形。

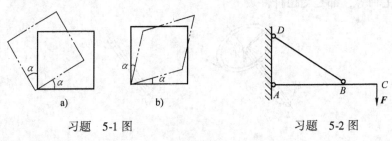

习题 5-1图   习题 5-2图

习 题 答 案

5-1　a) $\gamma = 0$；b) $\gamma = 2\alpha$

5-2　BD杆将发生轴向拉伸；AC杆将发生轴向压缩和弯曲的组合变形。

第6章　轴向拉压与剪切

　　轴向拉压（axial tension or axial compression）是杆件的四种基本变形中受力最简单的一种。在工程实际中，很多构件都是轴向拉压杆件。例如，桁架结构中的各个杆件都是承受轴向拉力或压力，起重机的钢索在起吊重物时也可以视为轴向拉伸杆件，各种紧固螺栓在预紧力的作用下也是承受轴向拉力的作用。

6.1　轴向拉伸或压缩时的内力

1. 轴力

　　当杆件承受轴向拉力或者压力时，在其任意横截面上将产生附加相互作用力——内力（internal force）。为了求得轴向拉压杆件的内力，可以采用前面讲过的截面法。下面举例说明。

　　例 6-1　求图 6-1a 所示杆件横截面 $m\text{-}m$ 上的内力。

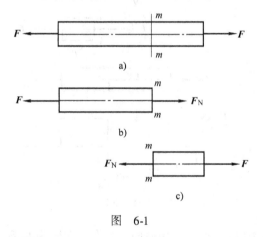

图　6-1

　　解　（1）截开：用横截面 $m\text{-}m$ 将杆件截开，分为左、右两段。

　　（2）代替：从被横截面 $m\text{-}m$ 分开的左、右两段中任取一段，弃去另一段，并将弃去部分对保留部分的作用力用内力 F_N 代替。

　　（3）平衡：根据静力学平衡条件，建立左段杆件的平衡方程（见图 6-1b），求得横截面 $m-m$ 上的内力。$\sum F_x = 0$，即 $F_N - F = 0$，得 $F_N = F$

　　显然，根据二力平衡条件，在轴向载荷作用下，杆件横截面上内力的方向与杆件的轴线方向重合。因此，将**轴向拉压杆件横截面上的内力称为轴力**（axial force），记为 $\boldsymbol{F}_N$。

注意，如果保留杆件的右段进行分析（见图 6-1c），建立右段杆件的平衡方程，求得内力 $\boldsymbol{F}_N$ 的大小仍然等于 F，但是其方向恰与前面求得的内力方向相反。为此我们作如下规定：**当轴力方向与横截面外法线方向一致时为正，反之为负。**这样，以左、右两部分分别进行计算，求得的内力符号一致。从力学意义上来说，如果某横截面上求得的内力为正值，说明在该截面上杆件受拉，反之则受压。

2. 轴力图

当杆件在其轴线方向受到多于两个的外力作用时，各处横截面上的轴力将有所变化。为了直观地表示轴力的变化情况，可以**以杆件横截面位置为横坐标，以相应横截面上的轴力为纵坐标，绘制出杆件轴力随横截面位置变化情况的图线，称为轴力图**。下面举例说明轴力图的作法。

例 6-2　杆件受力如图 6-2a 所示，已知 $F_1 = 30\text{kN}$，$F_2 = 50\text{kN}$，试求杆件的轴力，并画出轴力图。

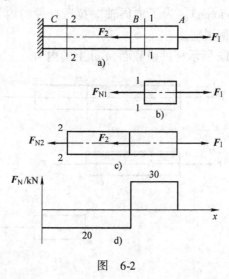

图　6-2

解　（1）求 AB 段的轴力。用截面 1-1 将杆件分为两部分，由截面 1-1 右边部分（见图 6-2b）的平衡方程可得：

$$\sum F_x = 0, \quad F_1 - F_{N1} = 0$$

解得

$$F_{N1} = F_1 = 30\text{kN}$$

（2）求 BC 段的轴力。用截面 2-2 将杆件分为两部分，由截面 2-2 右边部分（见图 6-2c）的平衡方程可以求得：

$$\sum F_x = 0, \quad F_1 - F_2 - F_{N2} = 0$$

所以

$$F_{N2} = F_1 - F_2 = -20kN$$

负号表示实际轴力方向与图示方向相反。

（3）作轴力图。根据求得的各段轴力值，作轴力图如图 6-2d 所示。

6.2 轴向拉伸或压缩时的应力

1. 轴向拉伸或压缩时横截面上的应力

当杆件受轴向载荷作用的时候，其横截面上的内力——轴力必然也是沿着轴线方向。与此相对应，杆件横截面上的应力（stress）分量将只有正应力（normal stress），而没有切应力（shear stress）。轴力是横截面上整个分布内力系的合力，为了求得横截面上一点处的正应力，必须知道正应力在整个截面上的分布规律。为此，通过实验观察轴向拉压杆件的变形情况。

首先取一等直杆，在杆件表面等间距地画出与轴线平行的纵线以及与轴线垂直的横线，如图 6-3 所示，然后在杆件两端施加一对拉力 **F**。在拉力作用下，杆件发生变形。可以观察到，杆件轴线仍保持为直线，原来的纵线仍与轴线平行，原来的横线仍与轴线垂直，但是纵线长度增加而间距减小，横线长度减小而间距增大。

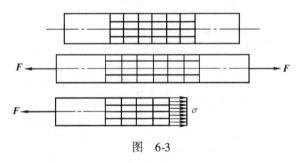

图 6-3

由此得到一个假设：**杆件变形之前为平面的横截面，在杆件变形之后仍然保持为平面且仍然垂直于轴线**。上述假设称为**平面假设**。进一步地，假想杆件是由很多纵向纤维组成的，由平面假设可知，各纵向纤维的伸长量相等，再根据均匀性假设可知，各纵向纤维的受力程度完全相同，因此认为，在整个横截面上正应力的分布是均匀的。也就是说，轴向拉压杆件横截面上任何一点的正应力都等于该横截面的平均应力，记为

$$\sigma = \frac{F_N}{A} \tag{6-1}$$

式中，F_N 为所求横截面的轴力；A 为该横截面的面积。

例 6-3 试求例 6-2 中横截面 1-1 和横截面 2-2 处的应力。已知该杆为等直杆，横截面为 20mm × 30mm 的矩形。

解 （1）求轴力。在例 6-2 中已经求得横截面 1-1 和横截面 2-2 处的轴力分别为

$$F_{N1} = 30kN, \quad F_{N2} = -20kN$$

（2）求应力。由式（6-1）可得：

横截面 1-1 处的应力为

$$\sigma_1 = \frac{F_{N1}}{A} = \frac{30 \times 10^3}{0.02 \times 0.03}Pa = 50MPa（拉应力）$$

横截面 2-2 处的应力为

$$\sigma_2 = \frac{F_{N2}}{A} = \frac{-20 \times 10^3}{0.02 \times 0.03}Pa = -33.3MPa（压应力）$$

2. 轴向拉伸或压缩时斜截面上的应力

由截面法可以求得轴向拉压杆件（见图 6-4）斜截面上的内力为

$$F_\alpha = F$$

且该内力也是沿着轴向的，因此该截面上的应力方向也与轴线方向相同。

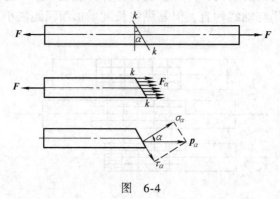

图　6-4

按照与 6.1 节相同的方法，可以通过实验观察和理论推导得到如下两个结论：①轴向拉压杆件的斜截面在变形之后仍保持为平面；②斜截面上的应力均匀分布，等于该截面的平均应力。记为 p_α，其大小为

$$p_\alpha = \frac{F_\alpha}{A_\alpha} = \frac{F}{\frac{A}{\cos\alpha}} = \frac{F}{A}\cos\alpha \tag{6-2}$$

式中，α 表示斜截面与横截面的夹角；F_α 为斜截面上的内力；A_α 为斜截面的面积；A 为横截面的面积。

将式（6-1）代入式（6-2）中，可以得到

$$p_\alpha = \frac{F_\alpha}{A_\alpha} = \sigma\cos\alpha \tag{6-3}$$

p_α 称为斜截面上的全应力，可以将其沿着斜截面的法线方向和切向方向分解为

正应力

$$\sigma_\alpha = p_\alpha\cos\alpha = \sigma\cos^2\alpha \tag{6-4}$$

切应力

$$\tau_\alpha = p_\alpha\sin\alpha = \sigma\cos\alpha\sin\alpha = \frac{1}{2}\sigma\sin2\alpha \tag{6-5}$$

若将横截面看成 $\alpha = 0°$ 的斜截面，则式（6-3）~式（6-5）可以看成轴向拉压杆件任意截面应力的普遍表达式。由上述三式可知：

当 $\alpha = 0°$ 时，$\sigma_0 = \sigma_{max} = \sigma$，$\tau_0 = 0$，说明横截面上正应力最大，无切应力；

当 $\alpha = \pm45°$ 时，$\sigma_{\pm45°} = \frac{1}{2}\sigma$，$\tau_{\pm45°} = \tau_{max} = \pm\frac{1}{2}\sigma$，说明 $45°$ 的斜截面上切应力达最大值，正应力和切应力都等于最大正应力的一半；

当 $\alpha = 90°$ 时，$\sigma_{90°} = \tau_{90°} = 0$，说明纵向截面上无应力。

6.3　轴向拉伸或压缩时的变形

在轴向拉力作用下，杆件的轴向尺寸将增大，而横向尺寸将减小；而在轴向压力作用下，杆件的轴向尺寸将减小，而横向尺寸将增大。为了表示杆件不同方向的变形（deformation）情况，引入轴向变形与轴向应变、横向变形与横向应变的概念，并给出杆件不同方向变形量之间的关系以及轴向变形与外力之间的关系。

1. 轴向变形

杆件的轴向尺寸变化称为轴向变形（或纵向变形）。杆件的轴向变形除以杆件原长得到杆件轴线上单位长度的变形量，**称为轴向应变**（或纵向应变）。如图 6-5 所示，设杆件原长为 l，在轴向拉力 F 作用下，杆件长度变为 l_1，则轴向变形为

$$\Delta l = l_1 - l \tag{6-6}$$

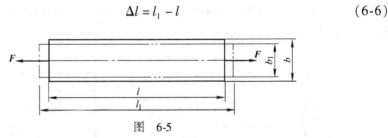

图　6-5

轴向应变为

$$\varepsilon = \frac{\Delta l}{l} \tag{6-7}$$

2. 横向变形

杆件的横向尺寸变化称为横向变形。杆件的横向变形除以杆件原横向尺寸得到杆件横向单位长度的变形量，称为横向应变。设杆件原横向尺寸为 b，在轴向拉力 F 作用下，杆件长度变为 b_1，则横向变形为

$$\Delta b = b_1 - b \tag{6-8}$$

横向应变为

$$\varepsilon' = \frac{\Delta b}{b} \tag{6-9}$$

3. 泊松比

实验结果表明，在材料的线弹性范围内，杆件的横向应变与轴向应变的比值为常数，记为

$$\left| \frac{\varepsilon'}{\varepsilon} \right| = \mu \tag{6-10}$$

常数 μ 称为材料的**泊松比**（Poisson's ratio）。泊松比 μ 的量纲为一。

杆件轴向尺寸增加时横向尺寸缩短（反之亦然），因此 ε 与 ε' 符号相反，式（6-10）又可记为

$$\varepsilon' = -\mu\varepsilon \tag{6-11}$$

4. 胡克定律

实验结果表明，在材料的线弹性范围内，杆件的轴向变形与轴向载荷成正比，这一关系称为胡克定律（或弹性定律 Law of Elasticity），记为

$$\Delta l = \frac{F_N l}{EA} \tag{6-12}$$

式中，A 为杆件的横截面积；E 为材料的**弹性模量**。弹性模量 E 与应力的单位相同。式（6-12）还表明，杆件的轴向变形与 EA 成反比，因此将 EA 称为材料的**抗拉（压）刚度**。

泊松比 μ 和弹性模量 E 是材料的两个弹性常数，表 6-1 给出了几种常用材料的 μ、E 的值。

表 6-1　几种常用材料的 μ、E 的值

材 料 名 称	μ	E/GPa
碳钢	0.24 ~ 0.28	196 ~ 216
合金钢	0.25 ~ 0.30	186 ~ 206
灰铸铁	0.23 ~ 0.27	78.5 ~ 157
铜及其合金	0.31 ~ 0.42	72.6 ~ 128
铝合金	0.33	70

例 6-4　试计算例 6-2 中杆件的轴向变形。已知 AB 段长度为 $l_1 = 20\text{mm}$，BC 段长度为 $l_2 = 50\text{mm}$，杆件横截面为直径 $d = 20\text{mm}$ 的圆形截面，材料为碳钢，弹性模量 $E = 200\text{GPa}$。

解　由式（6-12）可得

AB 段的轴向变形为

$$\Delta l_1 = \frac{F_{N1} l_1}{EA} = \frac{30 \times 10^3 \times 20 \times 10^{-3}}{200 \times 10^9 \times \frac{\pi}{4} \times 0.02^2} \text{m} = 9.5 \times 10^{-6} \text{m}$$

BC 段的轴向变形为

$$\Delta l_2 = \frac{F_{N2} l_2}{EA} = \frac{-20 \times 10^3 \times 50 \times 10^{-3}}{200 \times 10^9 \times \frac{\pi}{4} \times 0.02^2} \text{m} = -1.6 \times 10^{-5} \text{m}$$

整个杆件的轴向变形为

$$\Delta l = \Delta l_1 + \Delta l_2 = -6.5 \times 10^{-6} \text{m}$$

例 6-5　图 6-6 所示结构由两根钢杆 1 和 2 铰接而成。两杆长度均为 $l = 2\text{m}$，直径均为 $d = 25\text{mm}$。已知变形前 $\alpha = 30°$，钢的弹性模量 $E = 210\text{GPa}$，荷载 $F = 100\text{kN}$。试求节点 A 处的位移 Δ_A。

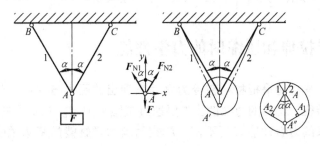

图　6-6

解　此结构及其所受荷载关于通过 A 点的竖直线对称，因此节点 A 只有竖直位移。为求竖直位移 Δ_A，先求出各杆的伸长。

在变形微小的情况下，计算中忽略 α 角的微小变化。假定各杆的轴力均为拉力，根据对称性，可知 $F_{N1} = F_{N2}$。由节点 A 的一个平衡方程 $\sum F_y = 0$ 便可求出轴力。

$$F_{N1} \cos a + F_{N2} \cos \alpha - F = 0$$
$$F_{N1} = F_{N2} = \frac{F}{2\cos\alpha} \tag{1}$$

将所得 F_{N1} 和 F_{N2} 代入公式 $\Delta l = \dfrac{F_N l}{EA}$，得各杆的伸长为

$$\Delta l_1 = \Delta l_2 = \frac{F_{N1} l}{EA} = \frac{Fl}{2EA\cos\alpha} \tag{2}$$

式中，$A = \frac{\pi}{4}d^2$ 为杆的横截面面积。

为了求位移 Δ_A，假想地将杆 1，2 自 A 点处拆开，并使其沿各自的原来方向伸长 Δl_1 和 Δl_2，然后分别以另一端 B，C 为圆心转动，直至相交于点 A'。AA' 即为 A 点的竖直位移。为了计算简单，在变形微小的情况下，可过 A_1，A_2 分别作杆 1，2 的垂线，并认为此两垂线的交点 A'' 即为节点 A 产生位移后的位置。由此可得

$$\Delta_A = AA'' = \frac{\Delta l_1}{\cos\alpha} \tag{3}$$

将式（2）代入式（3），得

$$\Delta_A = \frac{Fl}{2EA\cos^2\alpha} \tag{4}$$

再将已知数据代入式（4）得

$$\Delta_A = \frac{(100 \times 10^3) \times 2}{2 \times (2.1 \times 10^{11}) \times \left[\frac{\pi}{4} \times (25 \times 10^{-3})^2\right]\cos^2 30°} \text{m} = 0.0013\text{m} = 1.3\text{mm}(\downarrow)$$

6.4　材料拉伸和压缩时的力学性能

材料的力学性能是指材料在受力之后表现出的受力与变形之间的关系以及材料破坏的特征。材料的力学性能需要通过试验来测定。在不同的加载条件下，材料表现出来的力学性能有所不同。**测定材料力学性能的基本试验是在常温下以缓慢而平稳的加载方式进行的，称为常温静载试验**。为了对不同材料的力学性能进行比较，通常采用标准尺寸的试件进行试验。标准试件的形状、长度等各种参数在国家标准中有统一的规定。

1. 材料拉伸时的力学性能

材料拉伸试验采用的试件一般为圆截面试件（见图 6-7），试件中部等直的部分取长度 l 的一段，称为标距。

（1）低碳钢拉伸时的力学性能

作为工程中广泛使用的一类材料，低碳钢在拉伸试验中表现出来的力学性能比较典型。

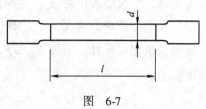

图　6-7

将低碳钢材料制成标准试件，置于拉伸试验机上进行常温静载试验，在试验过程中，记录下施加的载荷 F 和试件标距段的伸长 Δl。以拉力 F 为横坐标，

以标距段的伸长 Δl 为纵坐标，可以绘制出低碳钢的拉伸图，也称为 $F\text{-}\Delta l$ 曲线。为了消除试件几何尺寸的影响，将 F 除以试件的原始面积 A，并将 Δl 除以试件的标距 l，得到应力-应变图（见图 6-8），也称为 $\sigma\text{-}\varepsilon$ 曲线。在形状上，$\sigma\text{-}\varepsilon$ 曲线与 $F\text{-}\Delta l$ 曲线相似。

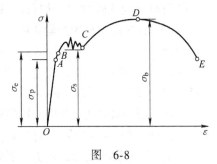

图　6-8

根据低碳钢在拉伸过程中表现出来的现象，可以将整个拉伸过程分为四个阶段。

1）弹性阶段——OB 段：在 OB 段内，如果停止加载，然后卸载到零，则试件的变形完全消失，试件恢复原长。这种**在卸载之后可以完全消失的变形，称为弹性变形**。

在 OB 段中，包含一段直线段 OA，说明应力与应变成比例关系，记为

$$\sigma = E\varepsilon \tag{6-13}$$

因此，将 OA 段称为**比例阶段**。与式（6-12）比较可以发现，式（6-13）是胡克定律（弹性定律）的另一表现形式。比例阶段中应力的最高值称为材料的**比例极限**，记为 σ_p。弹性阶段中应力的最高值称为材料的**弹性极限**，记为 σ_e。

2）屈服阶段——BC 段：在 BC 段，**应力基本保持不变，而应变显著增加，这种现象称为材料的屈服**。该阶段中应力的最低值称为材料的**屈服极限**，记为 σ_s。过 B 点之后，如果停止加载，然后卸载到零，则试件的变形只有部分消失，消失的变形为弹性变形，而**在卸载之后不能消失的变形为塑性变形**。

3）强化阶段——CD 段：在 CD 段内，材料恢复抵抗变形的能力，**只有增加拉力才能增大试样的变形，这种现象称为材料的强化**。该阶段中应力的最高值称为材料的**强度极限**，记为 σ_b。强度极限是材料能够承受的最大应力。

4）缩颈阶段——DE 段：进入 DE 段之后，**在试样的某一局部长度范围内，横向尺寸急剧减小，这种现象称为材料的缩颈**。在这一阶段，由于试样缩颈部位的横截面积减小，需要的拉力随之减小，因而曲线中纵坐标 σ 不断减小，直至试样在缩颈处被完全拉断为止。

试样拉断后仍然保留部分塑性变形，度量材料塑性的两个常用指标分别是：

伸长率

$$\delta = \frac{l_1 - l}{l} \times 100\% \tag{6-14}$$

式中，l_1 表示试样拉断后标距段的长度。

断面收缩率

$$\psi = \frac{A - A_1}{A} \times 100\% \tag{6-15}$$

式中，A_1表示试样拉断后颈缩处的最小横截面积。

工程中把$\delta \geqslant 5\%$的材料称为**塑性材料**，如碳钢、黄铜、铝合金等；把$\delta < 5\%$的材料称为**脆性材料**，如灰铸铁、玻璃、陶瓷等。

（2）铸铁拉伸时的力学性能

铸铁也是工程中应用较多的一种材料，其拉伸时的σ-ε曲线如图 6-9 所示。该曲线为一段微弯曲线，没有屈服阶段和缩颈阶段。试样被拉断时的应力比较小，应变也很小。

铸铁在拉断时的应力是该材料能够承受的最大拉应力，称为铸铁的拉伸强度极限，记为σ_b。

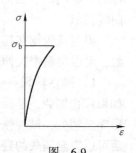

图 6-9

（3）其他材料拉伸时的力学性能

塑性材料在拉伸过程中的共同点是都有明显的弹性阶段和较大的塑性变形。但各种塑性材料的拉伸过程中表现出来的性能不尽相同，有些材料，如 Q235 钢，也具有明显的弹性阶段、屈服阶段、强化阶段和缩颈阶段。而有些塑性材料，没有明显的屈服阶段。对于没有明显屈服阶段的塑性材料，工程中一般将产生 0.2% 塑性应变时的应力作为其屈服极限，记为$\sigma_{0.2}$。

脆性材料大多如铸铁一样，在较小的拉应力下就被拉断，试件的变形很小，没有屈服和缩颈现象，拉断时的最大应力即为强度极限，抗拉强度比较低。所以脆性材料一般不作为抗拉构件的材料。

2. 材料压缩时的力学性能

材料压缩试验也采用圆截面试件，试样一般制成短圆柱状，如图 6-10 所示。

（1）低碳钢压缩时的力学性能 低碳钢压缩时的σ-ε曲线如图 6-11 所示。图中虚线为低碳钢拉伸时的σ-ε曲线。在屈服阶段前两条曲线基本重合，说明低碳钢在拉伸和压缩时，其比例极限σ_p、弹性极限σ_e、屈服极限σ_s和弹性模量E相同。但在屈服后，由于试样越压越扁，抗压能力不断增强，测不到材料的强度极限。

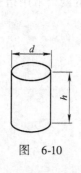

图 6-10

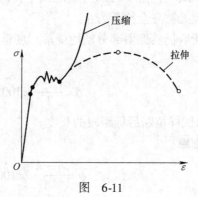

图 6-11

（2）**铸铁压缩时的力学性能**　铸铁压缩时的 $\sigma\text{-}\varepsilon$ 曲线如图 6-12 所示。与拉伸时的 $\sigma\text{-}\varepsilon$ 曲线相比，铸铁的抗压强度比抗拉强度高 4~5 倍。其他脆性材料，如混凝土、石料等，抗压强度也远高于抗拉强度，因此脆性材料通常作为抗压构件的材料。铸铁试样破坏断面的法线与轴线大致成 45°~55° 的倾角，表明试样沿斜截面因相对错动而破坏。

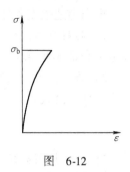

图　6-12

6.5　杆件拉伸和压缩时的强度计算

1. 失效与极限应力

工程构件由于各种原因丧失其正常工作的能力称为失效。构件失效时的应力称为极限应力。塑性材料制成的构件，当其出现塑性变形时，将无法正常工作而失效，因此塑性材料的极限应力是屈服极限 σ_s。脆性材料制成的构件，当其被破坏时无明显的塑性变形，构件断裂即为失效，因此脆性材料的极限应力是强度极限 σ_b。

2. 许用应力与安全因数

为保证构件具备足够的强度，其工作应力必须低于材料的极限应力。同时，考虑到一些实际因素的影响，为了保证构件有一定的强度储备，通常用极限应力除以一个大于 1 的因数 n（称为安全因数）得到材料的许用应力 $[\sigma]$（allowable stress）。

对于塑性材料

$$[\sigma]=\frac{\sigma_s}{n} \tag{6-16}$$

对于脆性材料

$$[\sigma]=\frac{\sigma_b}{n} \tag{6-17}$$

由于脆性材料的抗拉强度与抗压强度不同，为了区分二者，通常将脆性材料的许用拉应力记为 $[\sigma_t]$，而将其许用压应力记为 $[\sigma_c]$。

3. 杆件拉伸和压缩时的强度条件

为了保证构件安全正常地工作，要求构件的工作应力不能超过材料的许用应力，即

$$\sigma\leqslant[\sigma] \tag{6-18}$$

对于轴向拉压杆件，强度条件为

$$\sigma=\frac{F_{Nmax}}{A}\leqslant[\sigma] \tag{6-19}$$

根据上述强度条件，可以进行如下三种类型的计算：

1）校核强度。已知杆件承受的载荷、横截面积和材料的许用应力，校核杆件是否满足强度要求。根据式（6-18）进行校核即可。

2）设计截面。已知杆件承受的载荷和材料的许用应力，设计杆件的横截面尺寸。计算公式为

$$A \geqslant \frac{F_{\mathrm{Nmax}}}{[\sigma]} \tag{6-20}$$

3）确定许可载荷。已知杆件横截面积和材料的许用应力，确定杆件的许可载荷。计算公式为

$$F_{\mathrm{Nmax}} \leqslant A[\sigma] \tag{6-21}$$

例 6-6　试对例 6-2 中杆件进行强度校核。已知材料为 20 钢，$[\sigma]$ = 80MPa。

解　在例 6-3 中已经求得：

杆件 AB 段的应力为

$$\sigma_1 = \frac{F_{\mathrm{N1}}}{A} = \frac{30 \times 10^3}{0.\,02 \times 0.\,03}\mathrm{Pa} = 50\mathrm{MPa}$$

杆件 BC 段的应力为

$$\sigma_2 = \frac{F_{\mathrm{N2}}}{A} = \frac{-20 \times 10^3}{0.\,02 \times 0.\,03}\mathrm{Pa} = -33.\,3\mathrm{MPa}$$

故　$\sigma_{\mathrm{max}} = 50\mathrm{MPa} < [\sigma]$，杆件满足强度要求。

例 6-7　图 6-13 所示三角形托架，A，B，C 处均为铰接。杆 AB 和 BC 均由两根等边角钢组成。已知 F = 80kN，$[\sigma]$ = 160MPa，试选择角钢的型号。

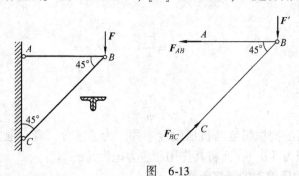

图　6-13

解　（1）整体平衡求约束力。

由

$$\sum M_C = 0$$

得

$$F_{AB} = F = 80\mathrm{kN}$$

由

$$\sum M_A = 0$$

得

$$F_{BC} = \sqrt{2}F = 113.1\text{kN}$$

（2）计算截面尺寸。

1）确定杆 AB 的截面尺寸。根据式（6-20），可得

$$A_1 \geqslant \frac{F_{AB}}{[\sigma]} = \frac{80 \times 10^3}{160 \times 10^6}\text{m}^2 = 5 \times 10^{-4}\text{m}^2 = 5\text{cm}^2$$

2）确定杆 BC 的截面尺寸。根据式（6-20），可得

$$A_2 \geqslant \frac{F_{BC}}{[\sigma]} = \frac{113.1 \times 10^3}{160 \times 10^6}\text{m}^2 = 7.1 \times 10^{-4}\text{m}^2 = 7.1\text{cm}^2$$

综上可得，$A \geqslant 7.1\text{cm}^2$

（3）查表选型。查型钢表，应选择边厚度为 5mm 的 4 号等边角钢，其横截面积为 3.791cm^2。

6.6 应力集中的概念

实验结果说明，杆端受非均布载荷作用时，加载点附近的局部区域内应力分布是非均匀的。此外，当构件的几何形状不连续时，在诸如开孔或者截面突变等处，也会产生很高的局部应力。图 6-14a 所示为开孔板条承受轴向载荷时，通过孔中心线的截面上的应力分布。图 6-14b 所示为轴向加载的变宽度矩形截面板条，在宽度突变处截面上的应力分布。这种几何形状不连续处局部应力增大的现象，称为**应力集中**（stress concentration）。

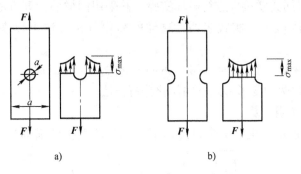

图 6-14

若发生在应力集中的截面上最大应力为 $\sigma_{\max}$，同一截面上的平均应力为 σ，则比值

$$K = \frac{\sigma_{\max}}{\sigma} \qquad (6\text{-}22)$$

称为**应力集中因数**。它表明了应力集中的剧烈程度。

实验结果表明，应力集中的程度与几何尺寸变化的比值有关。尺寸变化越急剧，应力集中的程度越严重。不同类型的材料对应力集中的敏感程度也不同。塑性材料一般具有屈服阶段，当局部的最大应力达到屈服极限 σ_s 时，如外力继续增加，则该处应力不再加大，而由截面上其他未屈服的部分继续承担增加的载荷，使截面上其他点的应力相继增大到屈服极限。这就降低了应力不均匀程度，也限制了最大应力的数值。而脆性材料没有屈服阶段，应力集中处的最大应力一路领先增加直至到达材料的强度极限，最终导致应力集中处最先破坏。所以对于脆性材料制成的构件，应力集中的危害性显得比较严重。

因此，用塑性材料制成的构件在静载作用下，可以不考虑应力集中的影响。而对于脆性材料制成的构件，应尽量避免应力集中造成的危害，尽可能避免带有尖角的孔、槽，在阶梯轴的轴肩处以圆角过渡，并尽量使圆弧半径大一些。

如果构件受周期性变化的应力或受冲击载荷作用时，则不论塑性或者脆性材料，应力集中都会对构件的强度产生严重的影响。

6.7　剪切和挤压

在各种实际工程结构中，构件之间常采用螺栓、铆钉、销钉、键等联接件加以联接。这些联接件一般尺寸都不大，构件的变形和应力分布比较复杂，很难从理论上计算它们的真实工作应力。因此，工程中通常采用简化分析方法，即对联接件的受力与应力分析进行合理的简化，计算出受力部分的"名义应力"；同时，对同类联接件进行破坏实验，并采用同样的计算方法，由破坏载荷确定材料的极限应力。实践表明，这样的简化分析方法可以满足工程实际的需要。

联接件的变形一般分为剪切（shear）和挤压（extrusion）两种基本形式，下面分别介绍这两种变形形式下的简化分析方法。

1. 剪切的实用计算

如图 6-15 所示，上下两个刀刃作用在钢筋两侧上的横向外力 P 大小相等，

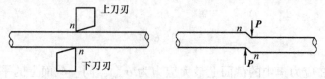

图　6-15

方向相反，作用线相距很近，并将各自推着作用的部分沿着与 **P** 力平行的截面错动，直至最后钢筋被剪断。当上述外力过大时，钢筋将沿横截面 *n-n* 被剪断。

又如图 6-16a 所示两块钢板用螺栓联接，从螺栓的受力分析（见图 6-16b）可以看到，螺栓在两侧面上分别受到大小相等、方向相反，作用线相距很近的两组分布力系作用。当外力过大时，螺钉将沿横截面 *m-m* 被剪断。

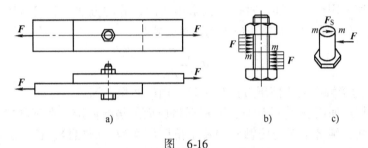

图 6-16

因此，**剪切变形**就是当作用于构件某一截面两侧的力大小相等、方向相反，且相互平行，使构件的两个部分沿着这一截面发生相对错动的变形。

（1）**剪切面** 发生剪切变形的截面称为**剪切面**。图 6-15 中的横截面 *n-n*、图 6-16c 中的横截面 *m-m* 都是剪切面。

（2）**剪力** 剪切面上的内力称为**剪力**，记为 F_S。应用截面法，可以求得剪切面上的内力。以图 6-16b 为例，沿剪切面 *m-m* 将螺栓分为上下两个部分，取下半部分进行分析（见图 6-16c），则剪切面 *m-m* 上的内力为 $F_S = F$。

需要指出的是，当同一构件上存在多个剪切面的时，应正确计算该构件各个剪切面的剪力。

（3）**切应力** 假定剪切面上的切应力均匀分布，剪切面面积为 A，则剪切面上的切应力为

$$\tau = \frac{F_S}{A} \tag{6-23}$$

（4）**剪切强度条件** 根据试验，可以求得材料的剪切强度极限 τ_b，再除以安全因数，就得许用切应力 $[\tau]$，从而建立剪切强度条件

$$\tau = \frac{F_S}{A} \leqslant [\tau] \tag{6-24}$$

2. 挤压的实用计算

在外力作用下，联接件和被联接的构件之间必将在接触面上相互挤压，这种变形称为挤压变形。如果受力过大，构件将会因为挤压而被破坏。在图 6-16 中，螺栓与上下两块钢板的接触面上都存在相互挤压。

（1）**挤压面** 在挤压变形中，两个构件之间相互压紧的接触面为挤压面。

（**2**）**挤压力** 在挤压变形中，联接件的接触面上互相压紧，在承受压力的侧面上发生局部受压现象，该局部受压处的压力称为挤压力，记为 F_{bs}。

（**3**）**挤压应力** 由接触面上挤压力引起的应力称为挤压应力（extrusion stress），记为 σ_{bs}。试验表明，当挤压应力过大时，在孔、螺栓接触的局部区域内，将产生显著塑性变形，以致影响孔、螺栓间的正常配合。

与剪切实用计算一样，对挤压也采用实用计算的方法。假定挤压应力在受挤面上是均匀分布的，则挤压应力的计算公式为

$$\sigma_{bs} = \frac{F_{bs}}{A_{bs}} \tag{6-25}$$

式中，F_{bs} 为接触面上的挤压力；A_{bs} 为挤压面的面积。

关于挤压面面积 A_{bs} 的计算，要根据挤压面的情况而定。在键联接中，其挤压面是平面，则挤压面的接触面积就是挤压面面积。而螺栓、销钉、铆钉等和被它们所联接的零件，其挤压面是圆柱面，则取挤压面在与挤压力垂直的平面上的投影面积作为其挤压面面积。例如图 6-17 中的销钉，其投影面积为 $A_{bs} = d \cdot t$。

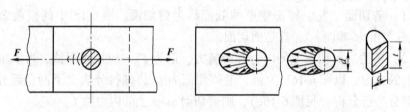

图 6-17

（**4**）**挤压强度条件** 根据试验可以确定连接件的挤压极限应力，再除以安全因数，就得到许用挤压应力 $[\sigma_{bs}]$，从而建立挤压强度条件

$$\sigma_{bs} = \frac{F_{bs}}{A_{bs}} \leqslant [\sigma_{bs}] \tag{6-26}$$

应当指出，挤压应力是联接件和被联接构件之间的相互作用。因此，当两者材料不同时，应当校核其中许用挤压应力较低的构件的挤压强度。

例 6-8 图 6-18a 所示齿轮与轴由平键（$b \times h \times l = 20\text{mm} \times 12\text{mm} \times 100\text{mm}$）联接，它传递的转矩 $M = 2\text{kN} \cdot \text{m}$，轴的直径 $d = 80\text{mm}$，键的许用切应力为 $[\tau] = 60\text{MPa}$，许用挤压应力为 $[\sigma_{bs}] = 100\text{MPa}$，试校核键的强度。

解 键与轴的受力分析见图 6-18b。

$$F = \frac{2M}{d} = \frac{2 \times 2}{0.08}\text{kN} = 50\text{kN}$$

因此，剪切力和挤压力为

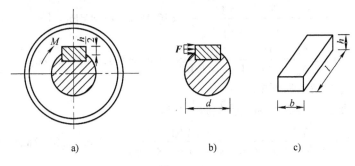

图　6-18

$$F_s = F_{bs} = F$$

根据式（6-24）、式（6-26）可得切应力和挤压应力分别为

$$\tau = \frac{F_s}{A} = \frac{F}{bl} = \frac{50 \times 10^3}{20 \times 100 \times 10^{-6}} Pa = 25 MPa < [\tau]$$

$$\sigma_{bs} = \frac{F_{bs}}{A_{bs}} = \frac{F}{lh/2} = \frac{50 \times 10^3}{100 \times 6 \times 10^{-6}} Pa = 83.3 MPa < [\sigma_{bs}]$$

故该键满足强度要求。

例6-9　一铆接头如图6-19a、b所示，受力 $F = 110kN$。已知钢板厚度为 $t = 1cm$，宽度为 $b = 8.5cm$，许用应力为 $[\sigma] = 160MPa$；铆钉的直径 $d = 1.6cm$，许用切应力为 $[\tau] = 140MPa$，许用挤压应力为 $[\sigma_{bs}] = 320MPa$，试校核铆接头的强度（假定每个铆钉受力相等）。

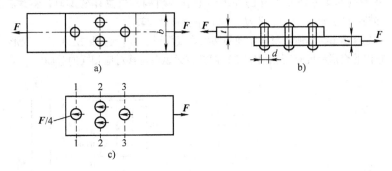

图　6-19

解　受力分析如图6-19c所示，假定每个铆钉受力相等，因此各个铆钉的剪切力和挤压力为

$$F_s = F_{bs} = \frac{F}{4}$$

根据式（6-24）、式（6-26）可得切应力和挤压应力分别为

$$\tau = \frac{F_s}{A} = \frac{F}{\pi d^2} = \frac{110}{3.14 \times 1.6^2} \times 10^7 \mathrm{Pa} = 136.8 \mathrm{MPa} < [\tau]$$

$$\sigma_{bs} = \frac{F_{bs}}{A_{bs}} = \frac{F}{4td} = \frac{110}{4 \times 1 \times 1.6} \times 10^7 \mathrm{Pa} = 171.9 \mathrm{MPa} < [\sigma_{bs}]$$

故该处各铆钉均满足强度要求。

钢板截面 2-2，3-3 均为危险截面，其应力为

$$\sigma_2 = \frac{F_{N2}}{A_2} = \frac{3F}{4t(b-2d)} = \frac{3 \times 110}{4 \times 1 \times (8.5 - 2 \times 1.6)} \times 10^7 \mathrm{Pa} = 155.7 \mathrm{MPa} < [\sigma]$$

$$\sigma_3 = \frac{F_{N3}}{A_3} = \frac{F}{t(b-d)} = \frac{110}{1 \times (8.5 - 1.6)} \times 10^7 \mathrm{Pa} = 159.4 \mathrm{MPa} < [\sigma]$$

故钢板也满足强度要求。

综上所述，该铆接头满足强度要求。

思 考 题

6-1 试论证若杆件横截面上的正应力处处相等，则相应的法向分布内力的合力必通过横截面的形心。反之，法向分布内力的合力虽通过形心，但正应力在横截面上却不一定处处相等。

6-2 应用拉压正应力 $\sigma = F_N/A$ 的条件是什么？

6-3 若在受力物体内一点处已测得两个相互垂直的 x 和 y 方向均有线应变，是否在 x 和 y 方向必定均作用有正应力？若测得 x 方向有线应变，是否 y 方向无正应力？若测得 x 和 y 方向均无线应变，是否 x 和 y 方向必定无正应力？

6-4 思考题 6-4 图所示拉杆的外表面上有一斜线，当拉杆变形时，斜线将如何动？(1) 平行移动；(2) 转动；(3) 不动；(4) 平行移动加转动。

6-5 如思考题 6-5 图所示材料相同的两根等截面杆。(1) 它们的总伸长（变形）是否相同？(2) 它们的变形程度是否相同？(3) 两杆有无纵向位移对应相同的截面？

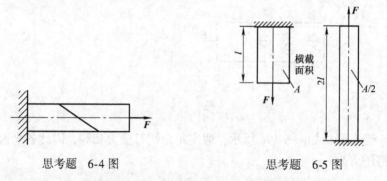

思考题 6-4 图　　　　　　思考题 6-5 图

6-6 拉杆伸长后，横向会缩短，这是否是因为杆有横向应力存在？

6-7 胡克定律的适用范围是什么？

6-8 两根材料、长度都相同的等直柱子，一根的横截面面积为 A_1，另一根为 A_2，且

$A_2 > A_1$。如思考题 6-8 图所示。两杆都受自重作用。这两杆的最大压应力是否相等？最大压缩量是否相等？

6-9　材料的伸长率与试件的尺寸是否有关？

6-10　低碳钢拉伸试件的强度极限与其拉伸试验中的最大实际应力值有何关系？

6-11　在联接件挤压实用计算中，挤压面积 A_{bs} 与实际挤压面的面积有何关系？

6-12　如思考题 6-12 图所示联接件，方形销将两块等厚板联接在一起，上面这块板同时存在拉伸正应力 σ，切应力 τ 和挤压应力 σ_{bs}。若不考虑应力集中，上述三种应力的数值大小关系如何？

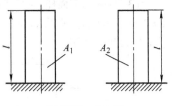

思考题　6-8 图

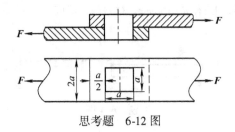

思考题　6-12 图

习　题

6-1　试作习题 6-1 图所示各杆的轴力图。

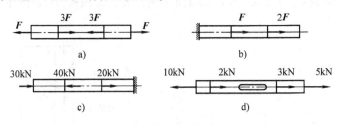

习题　6-1 图

6-2　试绘出习题 6-2 图中所示两杆的轴力图并求出它们的最大正应力。

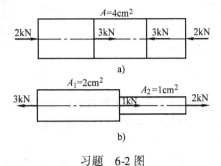

习题　6-2 图

6-3 一矩形截面杆，如习题 6-3 图所示，承受 $F = 10$kN 沿轴线的拉力，杆的截面尺寸 $a = 2$cm，$b = 1$cm，求图示 $\alpha = 30°$ 及 $\alpha = 60°$ 的截面上正应力 σ_α 和切应力 τ_α，并求该杆内的最大正应力和最大切应力。

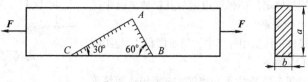

习题 6-3 图

6-4 习题 6-4 图所示阶梯形圆截面杆 AC，承受轴向载荷 $F_1 = 200$kN，$F_2 = 100$kN，AB 段的直径 $d_1 = 40$mm，BC 段的直径 $d_2 = 60$mm。材料的许用应力 $[\sigma] = 120$MPa。试校核该杆的强度。

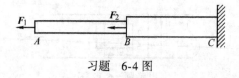

习题 6-4 图

6-5 试求习题 6-5 图所示杆系节点 B 的位移，已知两杆的横截面面积均为 $A = 100$mm^2，且均为钢杆。

6-6 等截面直杆由钢杆 ABC 与铜杆 CD 在 C 处粘接而成，直杆各部分的直径均为 $d = 36$mm，受力如习题 6-6 图所示。若不考虑杆的自重，试求 AC 段和 CD 段杆的轴向变形量 Δl_{AC} 和 Δl_{CD}。

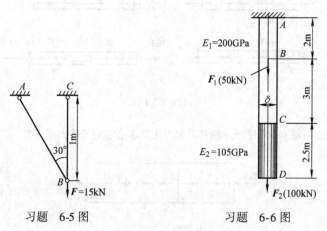

习题 6-5 图　　　　　　习题 6-6 图

6-7 一直杆受力如习题 6-7 图所示，杆的横截面是边长为 20cm 的正方形，材料服从胡克定律，其弹性模量 $E = 0.1 \times 10^5$MPa。试求：（1）轴力图；（2）各段横截面上的正应力；（3）各段杆的纵向线应变；（4）杆的总变形。

6-8 现场施工所用起重机吊环由两根侧臂组成。每一侧臂 AB 和 BC 都由两根矩形截面

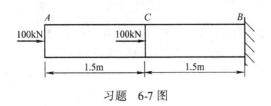

习题　6-7 图

杆所组成，A、B、C 三处均为铰链连接，如习题 6-8 图所示。已知起重载荷 $F = 1200\text{kN}$，每根矩形杆截面尺寸比例 $b/h = 0.3$，材料的许用应力 $[\sigma] = 78.5\text{MPa}$。试设计矩形杆的截面尺寸 b 和 h。

6-9　习题 6-9 图所示结构中 BC 和 AC 都是圆截面直杆，直径均为 $d = 20\text{mm}$，材料都是 Q235 钢，其许用应力 $[\sigma] = 157\text{MPa}$。试求该结构的许用载荷 $[F]$。

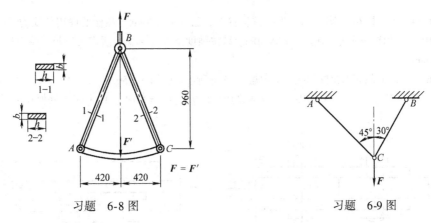

习题　6-8 图　　　　　　　习题　6-9 图

6-10　仓库搁架前后用一根圆钢杆 AB 支持，如习题 6-10 图所示，估计搁架上的最大载重量为 $F = 10\text{kN}$，杆 AB 的直径 $d = 80\text{mm}$ 假定合力作用自搁板 BC 中部，已知 $\alpha = 45°$，材料许用应力为 $[\sigma] = 100\text{MPa}$。试校杆 AB 的强度。

6-11　一结构受力如习题 6-11 图所示，杆件 AB、AD 为等截面圆杆，已知材料的许用应力 $[\sigma] = 170\text{MPa}$，试确定杆 AB、AD 的直径。

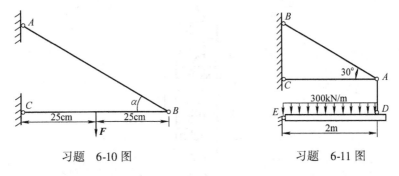

习题　6-10 图　　　　　　　习题　6-11 图

6-12　习题 6-12 图所示为铝合金试件，$h = 2\text{mm}$，$b = 20\text{mm}$。标距 $l_0 = 70\text{mm}$。在轴向拉力 $F = 6\text{kN}$ 的作用下，测得标距段伸长 $\Delta l_0 = 0.15\text{mm}$，板宽缩短 $\Delta b = 0.014\text{mm}$。试计算铝合金的

弹性模量和泊松比。

6-13 如习题 6-13 图所示，钢板受 $F = 14\text{kN}$ 的拉力作用，板上有三个钉孔，孔的直径为 20mm，钢板厚 10mm，宽 200mm。试求危险截面上的平均正应力。

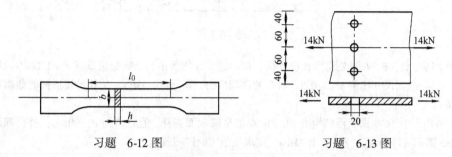

习题 6-12 图   习题 6-13 图

6-14 如习题 6-14 图所示，为一螺栓接头，已知 $F = 40\text{kN}$，螺栓的许用切应力 $[\tau] = 130\text{MPa}$，许用挤压应力 $[\sigma_{bs}] = 300\text{MPa}$。试按强度条件计算螺栓所需的直径。图中尺寸单位为 mm。

6-15 矩形截面木拉杆的接头如习题 6-15 图所示。已知 $F = 50\text{kN}$，$b = 250\text{mm}$。木材的顺纹许用挤压应力 $[\sigma_{bs}] = 10\text{MPa}$，顺纹的许用切应力 $[\tau] = 1\text{MPa}$。试求接头处所需的尺寸 l 和 a。

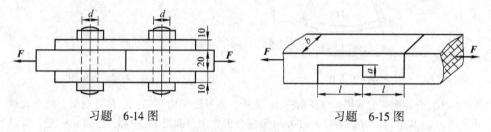

习题 6-14 图   习题 6-15 图

6-16 如习题 6-16 图所示，销钉联接，$F = 18\text{kN}$，板厚 $t_1 = 8\text{mm}$，$t_2 = 5\text{mm}$，销钉与板的材料相同，许用切应力 $[\tau] = 60\text{MPa}$，许用挤压应力 $[\sigma_{bs}] = 200\text{MPa}$，销钉直径 $d = 16\text{mm}$，试校核销钉强度。

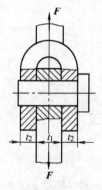

习题 6-16 图

习 题 答 案

6-1　略

6-2　a) $\sigma_{max} = 12.5\,\text{MPa}$；b) $\sigma_{max} = 20\,\text{MPa}$

6-3　$\sigma_{AB} = 12.5\,\text{MPa}$，$\tau_{AB} = 21.65\,\text{MPa}$，$\sigma_{AC} = 37.5\,\text{MPa}$，$\tau_{AC} = 21.65\,\text{MPa}$，

　　　$\sigma_{max} = 50\,\text{MPa}$，$\tau_{max} = 25\,\text{MPa}$

6-4　$\sigma_{max} = 159.2\,\text{MPa} > [\sigma]$，不满足强度要求。

6-5　$\Delta_{By} = 0.75\,\text{mm}$（↓），$\Delta_{Bx} = 1.3\,\text{mm}$（←）

6-6　$\Delta L_{AC} = 2.95\,\text{mm}$，$\Delta L_{CD} = 2.34\,\text{mm}$

6-7　(1) 略；(2) AC 段 $\sigma = -2.5\,\text{MPa}$，$CB$ 段 $\sigma = -5\,\text{MPa}$；

　　　(3) AC 段 $\varepsilon = -2.5 \times 10^{-4}$，$CB$ 段 $\varepsilon = -5 \times 10^{-4}$；(4) $\Delta l = -1.125 \times 10^{-3}\,\text{m}$

6-8　$h = 118\,\text{mm}$，$b = 35.4\,\text{mm}$

6-9　$[F] = 67.3\,\text{kN}$

6-10　$\sigma_{AB} = 1.4\,\text{MPa} < [\sigma]$，杆 AB 满足强度要求。

6-11　$d_{AD} \geqslant 4.74\,\text{cm}$，$d_{AB} \geqslant 6.71\,\text{cm}$

6-12　$E = 70\,\text{GPa}$，$\mu = 0.327$

6-13　$\sigma = 10\,\text{MPa}$

6-14　$d \geqslant 14\,\text{mm}$

6-15　$l \geqslant 200\,\text{mm}$，$a \geqslant 20\,\text{mm}$

6-16　$\tau = 44.8\,\text{MPa} < [\tau]$，$\sigma_{bs} = 140.6\,\text{MPa} < [\sigma_{bs}]$

第7章 扭 转

7.1 扭转的概念和工程实际中的扭转问题

扭转变形是杆件的基本变形之一。它的外力特点是杆件受力偶作用，力偶作用在与轴线垂直的平面内，如图7-1 所示。杆件的变形特点是：杆件的任意两个横截面围绕其轴线作相对转动，杆件的这种变形形式称为**扭转**。扭转时杆件两个横截面绕轴线相对转动的角度称为**扭转角**（angle of twist）φ。以扭转变形为主的杆件通常称为**轴**。

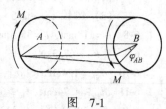

图 7-1

工程上有很多圆截面等直杆，受到一对大小相等、方向相反的外力偶作用。如图 7-2 所示的转向盘轴，在轮盘边缘作用一对方向相反的切向力构成一力偶。根据平衡条件，在轴的另一端，必存在一反作用力偶，在此力偶矩作用下，各横截面绕轴线作相对旋转。此轴产生的变形即为扭转变形。在工程中，受扭杆件是很常见的，比如机械中的传动轴（见图7-3）、攻螺纹所用丝锥的锥杆（见图7-4）以及钻杆等，它们的主要变形都是扭转，但同时还可能伴随有拉压、弯曲等变形。如果后者不大，往往可以忽略，或者在初步设计中，暂不考虑这些因素，将其视为扭转构件。

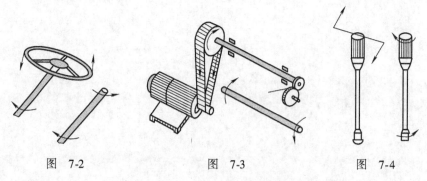

图 7-2　　　　　　　　图 7-3　　　　　　　　图 7-4

圆轴是最常见的扭转变形构件，本章主要讨论圆轴的扭转。

7.2 杆件扭转时的内力

要研究受扭杆件的应力和变形，首先需要计算杆件横截面上的内力。

1. 外力偶矩的计算

作用于圆轴上的外力偶矩往往不是直接给出的，通常是给出轴的转速 n 和轴所传递的功率 P。此时需要根据功率、转速、力矩三者之间的关系来计算外力偶矩的大小。以工程中常用的传动轴为例，已知它所传递的功率 P 和转速 n，作用在轴上的外力偶矩可以通过功率 P 和转速 n 换算得到。因为功率是每秒钟内所做的功，有

$$P = M_e \times 10^{-3} \times \omega = M_e \times 10^{-3} \times \frac{2n\pi}{60}$$

于是，作用在轴上的外力偶矩为

$$M_e = 9550 \frac{P}{n} \tag{7-1}$$

式中，M_e 为作用在轴上的外力偶矩，单位为 N·m；P 为轴传递的功率，单位为 kW；ω 为转轴的角速度，单位为 rad/s；n 为轴的转速，单位为 r/min。

从式（7-1）可看出，轴所承受的力偶矩与轴传递的功率成正比，与轴的转速成反比。因此，在传递同样功率时，低速轴的力偶矩比高速轴大。所以在传动系统中，低速轴直径比高速轴直径大。

2. 扭矩和扭矩图

在求出了所有作用于轴上的外力偶矩后，即可用截面法求任意截面上的内力。现以图 7-5 所示圆轴为例，在任一横截面 n-n 处假想将其分成左右两段，并任选一段，如左段为研究对象，如图 7-5b 所示。由于整个轴在外力偶作用下是平衡的，所以左段也处于平衡状态，在截面 n-n 上必然有一内力偶 M_n。根据左段的平衡方程，有

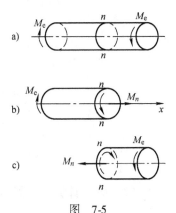

图 7-5

$$\sum M_x = 0, \quad M_n - M_e = 0$$

得

$$M_n = M_e$$

力偶矩 M_n 称为**扭矩**（torsional moment），是左右两部分在截面 $n-n$ 上相互作用的分布内力系的合力偶矩。

如取轴的右段为研究对象，仍然可以求得 $M_n = M_e$，如图 7-5c 所示，其方向则与用左段求出的方向相反。

为使从轴的左、右两段求得的同一截面上的扭矩具有相同的正负号，可将扭矩作如下的符号规定：采用右手螺旋法则。如果以右手四指弯曲的方向表示扭矩的转向，则拇指的指向与截面外法线方向一致时，扭矩为正；反之，为负，如图7-6所示。

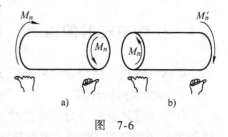

图　7-6

当轴上同时有几个外力偶作用时，杆件各截面上的扭矩则需分段求出。为了确定最大扭矩的所在位置，以便找出危险截面，常用一个图形来表示各横截面上的扭矩沿轴线变化的情况，这种图形称为**扭矩图**（torque diagram）。其方法是：建立一直角坐标系，以横轴表示横截面的位置，纵轴表示相应截面上的扭矩，将各截面扭矩按代数值标在坐标系上，即得此杆扭矩图。

现举例说明如何画出扭矩图。

例7-1　传动轴如图7-7a所示。主动轮A输入功率$P_A = 36.75\text{kW}$，从动轮B，C，D输出功率分别为$P_B = P_C = 11\text{kW}$，$P_D = 14.7\text{kW}$，轴的转速为$n = 300\text{r/min}$。试画出轴的扭矩图。

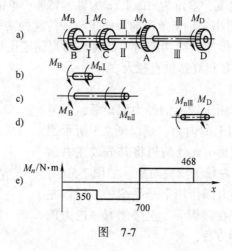

图　7-7

解　（1）计算外力偶矩：由于给出功率以kW为单位，根据式（7-1）得

$$M_A = 9550\frac{P_A}{n} = 9550 \times \frac{36.75}{300}\text{N}\cdot\text{m} = 1170\text{N}\cdot\text{m}$$

$$M_B = M_C = 9550\frac{P_B}{n} = 9550 \times \frac{11}{300}\text{N}\cdot\text{m} = 350\text{N}\cdot\text{m}$$

$$M_D = 9550\frac{P_D}{n} = 9550 \times \frac{14.7}{300}\text{N}\cdot\text{m} = 468\text{N}\cdot\text{m}$$

（2）计算扭矩：由图 7-7a 知，外力偶矩的作用位置将轴分为三段：BC，CA，AD。现分别在各段中任取一横截面，也就是用截面法，根据平衡条件计算其扭矩。

BC 段：以 M_{n1} 表示截面 I - I 上的扭矩，并任意地把 M_{n1} 的方向假设为图 7-7b 所示。根据平衡条件 $\sum M_x = 0$ 得

$$M_{n1} + M_B = 0$$
$$M_{n1} = -M_B = -350 \text{N} \cdot \text{m}$$

结果的负号说明实际扭矩的方向与所设的相反，应为负扭矩。BC 段内各截面上的扭矩不变，均为 350N·m。所以这一段内扭矩图为一水平线。

同理，在 CA 段内（图 7-7c）：

$$M_{n\text{II}} + M_C + M_B = 0$$
$$M_{n\text{II}} = -M_C - M_B = -700 \text{N} \cdot \text{m}$$

AD 段（图 7-7d）：

$$M_{n\text{III}} - M_D = 0$$
$$M_{n\text{III}} = M_D = 468 \text{N} \cdot \text{m}$$

根据所得数据，即可画出扭矩图（见图 7-7e）。由扭矩图可知，最大扭矩发生在 CA 段内，且 $|M_n|_{\max} = 700 \text{N} \cdot \text{m}$。

要注意的是，计算时，一般假设截面上的扭矩为正。若所得结果为负，则说明该截面扭矩的实际方向与假设方向相反。

7.3　切应力互等定理与剪切胡克定律

扭转内力确定后，要计算横截面上的应力，必须要确定应力在横截面上的分布规律。为此，我们先观察薄壁圆筒的扭转变形。

1. 薄壁圆筒扭转时横截面上的切应力

实验时取一等厚薄壁圆筒，其平均半径为 r，壁厚为 δ（其中 $\delta \leqslant r/10$），实验前在圆筒表面用圆周线和纵向线画成许多小矩形。然后在两端施加外力偶矩 M_e。当变形很小时可观察到下列现象，如图 7-8 所示。

1）各纵向平行线仍然平行，但都倾斜了同一角度 γ。

2）圆周线的形状和大小不变，两相邻圆周线发生相对转动，它们之间的距离不变。

3）原来的矩形都变为平行四边形。

上述现象虽然是由圆筒表面处的矩形得到的，但由于筒壁很薄，所以变形分析也可近似地推广到整个壁厚上去，即沿厚度方向纵向线与圆周线的夹角改变量 γ 相等。

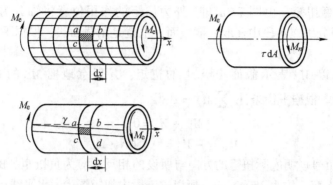

图 7-8

根据上述实验现象可得出如下结论：

1）薄壁圆筒的横截面和包含轴线的纵向截面上均没有正应力。因为各圆周线的形状、大小和间距均未改变。

2）薄壁圆筒横截面上有切应力。因矩形网格变为平行四边形，说明两相邻横截面发生相对错动，即只产生剪切变形。由此可见，在横截面上各点处只存在与上述变形相对应的应力分量——切应力。又因各圆周线的形状没有改变，所以切应力应沿圆周的切线方向，即与半径垂直。

3）由于壁厚很薄，可认为切应力沿壁厚均匀分布。

根据上述分析，可以求出薄壁圆筒扭转时横截面上切应力的计算公式。由于横截面上各点的切应力相等且与半径垂直，横截面上的内力系对 x 轴的矩应为该截面上的扭矩 M_n，

所以

$$\int_A \tau \mathrm{d}A \cdot r = M_n$$

$$\tau r \int_A \mathrm{d}A = M_n$$

可得

$$\tau = \frac{M_n}{2\pi r^2 \delta}$$

因横截面上的扭矩 M_n 与外力偶 M_e 相等，所以

$$\tau = \frac{M_e}{2\pi r^2 \delta} \tag{7-2}$$

2. 切应力互等定理

用相距为 $\mathrm{d}x$ 的两个横截面和两个径向截面从受扭圆筒中取出一单元体如图 7-9 所示，其三个边的长度分别为 $\mathrm{d}x$，$\mathrm{d}y$，δ，单元体的前后两表面（自由表面）上无任何应力，左右两侧面（横截面）上只有切应力 τ，这两个切应力大

小相等, 方向相反且与 y 轴平行, 二者组成一个力偶, 其矩为 $(\tau\delta dy)dx$, 为保持平衡, 单元体的上下两侧面 (即径向截面) 上必须有大小相等、方向相反的切应力 τ', 并且组成矩为 $(\tau'\delta dx)dy$ 的力偶。由平衡条件

$$\sum M_z = 0$$

有

$$(\tau\delta dy)dx = (\tau'\delta dx)dy$$

所以

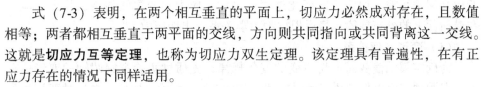

图 7-9

$$\tau' = \tau \tag{7-3}$$

式 (7-3) 表明, 在两个相互垂直的平面上, 切应力必然成对存在, 且数值相等; 两者都相互垂直于两平面的交线, 方向则共同指向或共同背离这一交线。**这就是切应力互等定理**, 也称为切应力双生定理。该定理具有普遍性, 在有正应力存在的情况下同样适用。

在如图 7-9 所示单元体的各面上只有切应力而无正应力, 这种应力状态称为纯剪切应力状态。

3. 切应变 剪切胡克定律

由薄壁圆筒的扭转实验可以看出, 在切应力作用下, 单元体的直角将发生微小的改变, 这个直角的改变量 γ 称为**切应变** (shear strain)。从图 7-8 中可以看出, γ 也就是表面纵向线变形后的倾角。若 φ 为圆筒两端面的相对扭转角, l 为圆筒的长度, 则切应变 γ 应为

$$\gamma = \frac{r\varphi}{l} \tag{7-4}$$

利用薄壁圆筒的扭转实验可以实现纯剪切。外力偶矩 M_e 从零开始逐渐增大, 并记录相应的扭转角 φ, 可以发现, 当切应力 τ 低于材料的剪切比例极限时, 相对扭转角 φ 与 M_e 成正比, 如图 7-10 所示。再由式 (7-2) 和式 (7-4) 可知, 切应力 τ 与 M_e 成正比, 切应变 γ 又与 φ 成正比。所以, 可得出, 当切应力不超过材料的剪切比例极限时, 切应力与切应变成正比, 如图 7-10 所示的直线部分, 其表达式为

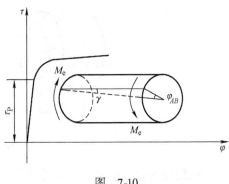

图 7-10

$$\tau = G\gamma \tag{7-5}$$

式 (7-5) 称为材料的**剪切胡克定律** (Hook's law in shear)。式中的比例常

数 G 称为材料的切变模量，量纲与弹性模量 E 的相同，数值可通过实验确定。钢材的 G 值约为 80GPa。

7.4 圆轴扭转时的应力

在工程上，最常见的轴为圆截面轴，为进行圆轴扭转时的强度和刚度计算，首先研究圆轴扭转时的应力和变形。

1. 圆轴扭转时的应力

为推导圆轴扭转时横截面上的切应力，可从以下三个方面进行考虑：先由变形几何关系找出切应变的变化规律；再利用应力应变之间的关系找出切应力在横截面上的分布规律；最后根据静力学关系求出切应力。

（1）变形几何关系

为确定圆轴横截面上切应变的变化规律，先通过实验观察圆轴的变形。首先，在圆轴表面上作圆周线和纵向线，如图 7-11a 所示。然后，在轴的两端施加外力偶矩 M_e。当变形不大时可观察到如图所示的现象：各圆周线的大小、形状和间距均保持不变，仅发生相对转动；各纵向线仍近似为直线，只是倾斜了一个角度 γ；圆轴表面上的方格变成平行四边形。

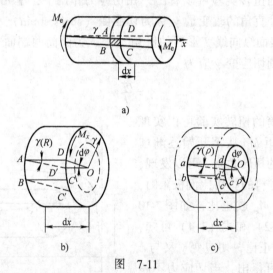

图 7-11

根据观察到的现象，可以作如下假设：圆轴扭转变形后，横截面仍保持为平面，而且其形状、大小与横截面间的距离均不改变，半径仍为直线。换言之，圆轴扭转时各横截面如同刚性平面一样绕杆的轴线转动。这一假设称为圆轴扭转的平面假设，并已得到理论与实验证实。

根据上述实验现象还可推断，圆轴扭转与薄壁圆筒的扭转一样，圆轴扭转时横截面上只存在与半径方向垂直的切应力作用。

下面用相距为 dx 的两个横截面从轴内取出一段进行分析。由平面假设可知，杆段变形后的情况如图 7-11b 所示：右侧截面相对左侧截面转过的角度为 $d\varphi$，其上的半径 OD 也转动了同一角度 $d\varphi$；同时由于截面转动，圆轴表面上的纵向线 AD 和 BC 倾斜了一微小角度 γ，圆轴表面的矩形 $ABCD$ 变为平行四边形 $ABC'D'$，矩形 $ABCD$ 的直角发生了变化，其改变量 γ 就是圆轴表面处单元体的切应变。距轴线 ρ 处的任一矩形 $abcd$ 变为平行四边形 $abc'd'$，如图 7-11c 所示，其直角的改变量为 γ_ρ，即均在垂直于半径的平面内发生剪切变形。可以得到

$$\gamma \approx \tan\gamma = \frac{DD'}{AD} = \frac{Rd\varphi}{dx} \tag{a}$$

$$\gamma_\rho = \frac{dd'}{ad} = \frac{\rho d\varphi}{dx} \tag{b}$$

式中，ρ 为点 d 到圆心的距离；$d\varphi/dx$ 表示相对扭转角沿轴线的变化率，在同一截面上为常量。

式（b）表明等直圆轴横截面上各点处的切应变正比于该点到圆心的距离。

（2）物理关系

由剪切胡克定律可知，当切应力不超过材料的剪切比例极限时，切应力与切应变成正比，即 $\tau = G\gamma$，所以，横截面上距圆心 ρ 处的切应力为

$$\tau_\rho = G\gamma_\rho = G\rho\frac{d\varphi}{dx} \tag{c}$$

这就是圆轴扭转时横截面上切应力的分布规律。它表明，扭转切应力沿截面半径呈线性变化，与半径垂直。圆轴扭转时切应力沿半径方向的分布规律如图 7-12 所示。

（3）静力学关系

在圆轴横截面上取微面积 dA，如图 7-13 所示，其上的剪力为 $\tau_\rho dA$，整个截面上的剪力对圆心的力矩之和即为该截面上的扭矩 M_n，所以

$$\int_A \rho\tau_\rho dA = M_n$$

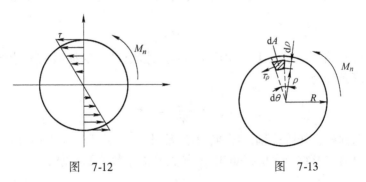

图 7-12   图 7-13

将式（c）代入并注意到在给定的截面上 $\mathrm{d}\varphi/\mathrm{d}x$ 为常量，于是有

$$G\frac{\mathrm{d}\varphi}{\mathrm{d}x}\int_A \rho^2 \mathrm{d}A = M_n$$

积分 $\int_A \rho^2 \mathrm{d}A$ 即代表横截面对圆心的**极惯性矩**（polar moment of inertia）I_P（见附录 A），于是由上式可得到

$$\frac{\mathrm{d}\varphi}{\mathrm{d}x} = \frac{M_n}{GI_\mathrm{P}} \tag{7-6}$$

此为圆轴扭转变形的基本公式。$\mathrm{d}\varphi/\mathrm{d}x$ 表示圆轴单位长度的扭转角。将式（7-6）代入式（c），得

$$\tau_\rho = \frac{M_n \rho}{I_\mathrm{P}} \tag{7-7}$$

即为圆轴扭转时横截面上任一点处切应力的公式。

在圆截面边缘上，ρ 的最大值为 R，得最大切应力为

$$\tau_{\max} = \frac{M_n R}{I_\mathrm{P}} \tag{7-8}$$

引用记号

$$W_\mathrm{t} = \frac{I_\mathrm{P}}{R}$$

则公式可写成

$$\tau_{\max} = \frac{M_n}{W_\mathrm{t}} \tag{7-9}$$

式中，W_t 称为**抗扭截面系数**（section modulus in torsion）。

需要注意的是，切应力公式的推导是以平面假设为基础的，而且在推导公式时使用了胡克定律，所以，以上各式仅适用于圆截面轴，而且横截面上的最大切应力必须低于材料的剪切比例极限。

2. 强度条件

圆轴扭转的强度条件是轴内的最大工作切应力不超过材料的许用切应力，即

$$\tau_{\max} \leqslant [\tau]$$

对于等直圆轴，最大工作切应力发生在扭矩最大的横截面的边缘各点处，由此得强度条件为

$$\tau_{\max} = \frac{M_{n\,\max}}{W_\mathrm{t}} \leqslant [\tau] \tag{7-10}$$

对变截面杆，如阶梯轴，因 W_t 不是常量，$\tau_{\max}$ 并不一定发生在扭矩最大的截面上，这时需要综合考虑扭矩 M_n 和抗扭截面系数才能确定 $\tau_{\max}$。

例7-2 已知作用在直径为 $D = 10\text{cm}$ 轴上的内力偶矩 $M_1 = 1.8\text{kN} \cdot \text{m}$，$M_2 = 1.2\text{kN} \cdot \text{m}$，试求最大切应力。

解

$$\tau_{\max} = \frac{M_{n\max}}{W_t} = \frac{M_1}{W_t} = \frac{1.8 \times 10^3}{\frac{\pi D^3}{16}}$$

$$= \frac{1.8 \times 10^3}{\frac{\pi \times (10 \times 10^{-2})^3}{16}}\text{Pa} = 9.17\text{MPa}$$

所以最大切应力为 9.17MPa

7.5 圆轴扭转时的变形

本节将介绍圆轴扭转时的变形以及刚度条件。

1. 圆轴扭转时的变形

由式（7-6）可得到相距 $\text{d}x$ 的两个横截面间的相对扭转角为

$$\text{d}\varphi = \frac{M_n}{GI_P}\text{d}x$$

沿杆件轴线方向的积分可得距离为 l 的两横截面间的转角为

$$\varphi = \int_l \text{d}\varphi = \int_0^l \frac{M_n}{GI_P}\text{d}x$$

若扭矩 M_n 为常数，且轴为等直杆时，上式可化为

$$\varphi = \frac{M_n l}{GI_P} \tag{7-11}$$

式（7-11）即为等直圆轴的扭转变形计算公式。扭转角 φ 的单位是 rad（弧度），GI_P 称为等直圆杆的**抗扭刚度**（torsional rigidity）。对于各段扭矩不等或横截面不同的圆杆，应该分段计算各段的扭转角，然后代数相加得到杆两端的相对扭转角 φ 为

$$\varphi = \sum_{i=1}^n \frac{M_{n\,i} l_i}{GI_{Pi}} \tag{7-12}$$

在很多情况下，由于杆件长度不同，各横截面上的扭矩不同，此时两端面间的相对扭转角无法表示圆轴扭转变形的程度。因此，在工程中常采用单位长度扭转角来衡量圆轴的扭转变形。用 φ' 表示，单位为 rad/m。

$$\varphi' = \frac{\text{d}\varphi}{\text{d}x} = \frac{M_n}{GI_P} \tag{7-13}$$

工程上 φ' 的单位常用（°）/m（度/米），则上式可化为

$$\varphi' = \frac{M_n}{GI_P} \cdot \frac{180°}{\pi} \tag{7-14}$$

2. 刚度条件

要保证构件正常工作，除满足强度条件以外，还要有足够的刚度，通常规定单位长度的扭转角的最大值不能超过许用单位长度扭转角 $[\varphi']$，即

$$\varphi' = \frac{M_n}{GI_P} \leqslant [\varphi'] \tag{7-15}$$

式中，φ' 的单位是 rad/m（弧度每米）。

在工程中，习惯把度每米作为 φ' 的单位。因此，刚度条件也可写为

$$\varphi' = \frac{M_n}{GI_P} \cdot \frac{180}{\pi} \leqslant [\varphi'] (°)/m$$

例 7-3 如图 7-14 所示的传动轴，$n = 500$ r/min，$P_A = 368$kW，$P_B = 147$ kW，$P_C = 221$kW，已知 $[\tau] = 70$MPa，$[\varphi'] = 1$ (°)/m，材料的切变模量 $G = 80$GPa。试：确定 AB 和 BC 段直径。

解 （1）计算外力偶矩

$$M_A = 9550 \frac{P_A}{n} = 7028.8 \text{N} \cdot \text{m}$$

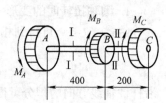

$$M_B = 9550 \frac{P_B}{n} = 2807.7 \text{N} \cdot \text{m}$$

$$M_C = 9550 \frac{P_C}{n} = 4221.1 \text{N} \cdot \text{m}$$

（2）计算扭矩

AB 段：以 M_{nI} 表示截面 I-I 上的扭矩，根据平衡条件 $\sum M_x = 0$

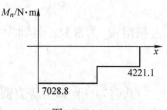

解得 $M_{nI} = -M_A = -7028.8 \text{N} \cdot \text{m}$

BC 段：以 M_{nII} 表示截面 II-II 上的扭矩，根据平衡条件 $\sum M_x = 0$

解得 $M_{nII} = -M_C = -4221.1 \text{N} \cdot \text{m}$

图 7-14

根据所得数据作扭矩 M_n 图，如图 7-14b 所示。

（3）计算直径 d

AB 段：由强度条件

$$\tau_{\max} = \frac{M_n}{W_t} = \frac{16M_n}{\pi d_1^3} \leqslant [\tau]$$

得

$$d_1 \geqslant \sqrt[3]{\frac{16M_n}{\pi[\tau]}} = \sqrt[3]{\frac{16 \times 7028.8}{\pi \times 70 \times 10^6}} \text{m} \approx 80 \text{mm}$$

由刚度条件

$$\varphi' = \frac{M_n}{G\dfrac{\pi d_1^4}{32}} \times \frac{180°}{\pi} \leqslant [\varphi']$$

得

$$d_1 \geqslant \sqrt[4]{\frac{32 M_n \times 180}{G \pi^2 [\varphi]}} = \sqrt[4]{\frac{32 \times 7028.8 \times 180}{80 \times 10^9 \times \pi^2 \times 1}} \text{m} = 84.6\text{mm}$$

取 $d_1 = 84.6\text{mm}$

BC 段：同理，由扭转强度条件得 $d_2 \geqslant 67\text{mm}$

由扭转刚度条件得 $d_2 \geqslant 74.5\text{mm}$

取 $d_2 = 74.5\text{mm}$

例 7-4 如图 7-15 所示的阶梯轴。AB 段的直径 $d_1 = 4\text{cm}$，BC 段的直径 $d_2 = 7\text{cm}$，外力偶矩 $M_1 = 0.8\text{kN·m}$，$M_3 = 1.5\text{kN·m}$，已知材料的剪切模量 $G = 80\text{GPa}$，试计算 φ_{AC} 和最大的单位长度扭转角 $\varphi'_{\max}$。

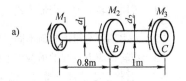

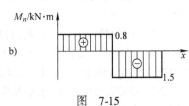

图 7-15

解 （1）画扭矩图：用截面法逐段求得

$$M_{n1} = M_1 = 0.8\text{kN·m}$$

$$M_{n2} = -M_3 = -1.5\text{kN·m}$$

画出扭矩图，如图 7-15b 所示。

（2）计算极惯性矩：

$$I_{P1} = \frac{\pi d_1^4}{32} = \frac{\pi \times 4^4}{32} \text{cm}^4 = 25.1\text{cm}^4$$

$$I_{P2} = \frac{\pi d_2^4}{32} = \frac{\pi \times 7^4}{32} \text{cm}^4 = 236\text{cm}^4$$

（3）求相对扭转角 φ_{AC}：由于 AB 段和 BC 段内扭矩不等，且横截面尺寸也不相同，故只能在两段内分别求出每段的相对扭转角 φ_{AB} 和 φ_{BC}，然后取 φ_{AB} 和 φ_{BC} 的代数和，即求得轴两端面的相对扭转角 φ_{AC}。

$$\varphi_{AB} = \frac{M_{n1} l_1}{G I_{p1}} = \frac{0.8 \times 800}{80 \times 10^9 \times 25.1 \times 10^{-8}} \text{rad} = 0.0319\text{rad}$$

$$\varphi_{BC} = \frac{M_{n2} l_2}{G I_{p2}} = \frac{-1.5 \times 1000}{80 \times 10^9 \times 236 \times 10^{-8}} \text{rad} = -0.0079\text{rad}$$

$$\varphi_{AC} = \varphi_{AB} + \varphi_{BC} = (0.0319 - 0.0079)\text{rad} = 0.024\text{rad} = 1.38°$$

（4）求最大的单位扭转角 φ'：考虑在 AB 段和 BC 段变形的不同，需要分别计算其单位扭转角。

AB 段

$$\varphi'_{AB} = \frac{\varphi_{AB}}{l_1} = \frac{0.0319}{0.8}\mathrm{rad/m} = 0.0399\mathrm{rad/m} = 2.29(°)/\mathrm{m}$$

BC 段

$$\varphi'_{BC} = \frac{\varphi_{BC}}{l_2} = \frac{-0.0079}{1.0}\mathrm{rad/m} = -0.0079\mathrm{rad/m} = -0.453(°)/\mathrm{m}$$

负号表示转向与 φ'_{AB} 相反。

所以

$$\varphi'_{\max} = \varphi'_{AB} = 2.29(°)/\mathrm{m}$$

思 考 题

7-1 说明扭转应力、变形公式 $\tau_\rho = \dfrac{M_n\rho}{I_\rho}$，$\varphi = \displaystyle\int_0^l \dfrac{M_n}{GI_p}\mathrm{d}x$ 的应用条件。

7-2 外力偶矩与扭矩有何不同？它们是如何计算的？

7-3 扭转切应力在圆轴横截面上是怎样分布的？

7-4 若将实心轴直径增大一倍，而其他条件不变，问最大剪应力、轴的扭转角将如何变化？

7-5 圆轴扭转时，实心圆截面和空心圆截面哪一个更合理？为什么？

7-6 钢质实心轴和铝质空心轴（内外径比值 $\alpha = 0.6$）的横截面面积相等。$[\tau]_{钢} = 80\mathrm{MPa}$，$[\tau]_{铝} = 50\mathrm{MPa}$。若仅从强度条件考虑，哪一根轴能承受较大的扭矩？

7-7 在圆轴和薄壁圆管扭转切应力公式推导过程中，所作的假定有何区别？两者所得的切应力计算公式之间有什么关系？

7-8 简述为什么圆截面杆的扭转应力、变形公式不能适用于非圆截面杆。

习 题

7-1 绘制习题 7-1 图所示各杆的扭矩图。

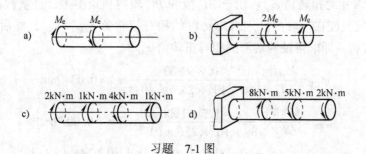

习题 7-1 图

7-2 习题 7-2 图所示传动轴在截面 A 处的输入功率为 $P_A = 15\mathrm{kW}$，在截面 B、C 处的输出功率为 $P_B = 10\mathrm{kW}$，$P_C = 5\mathrm{kW}$，已知轴的转速 $n = 60\mathrm{r/min}$。试绘出该轴的扭矩图。

7-3 习题 7-3 图所示圆截面空心轴外径 $D = 40\mathrm{mm}$，内径 $d = 20\mathrm{mm}$，扭矩 $M_n = 1\mathrm{kN \cdot m}$，

试计算 $\rho = 15\text{mm}$ 的 A 点处的扭转切应力以及横截面上的最大和最小扭转切应力。

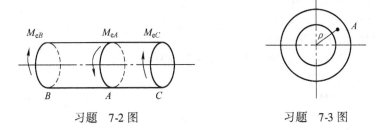

习题　7-2 图　　　　　　　　习题　7-3 图

7-4　有一钢制圆截面传动轴，其直径 $D = 50\text{mm}$，转速 $n = 250\text{r/min}$，材料的许用切应力 $[\tau] = 60\text{MPa}$。试确定该轴所能传递的许用功率。

7-5　一实心圆轴，承受的扭矩为 $M_n = 4\text{kN} \cdot \text{m}$，如果材料的许用切应力为 $[\tau] = 100\text{MPa}$，试设计该轴的直径。

7-6　如果将上题中的轴制成内径与外径之比为 $d/D = 0.5$ 的空心圆截面轴。试设计轴的外径 D。

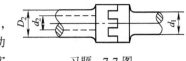

习题　7-7 图

7-7　实心轴和空心轴通过牙嵌式离合器连接在一起，如习题 7-7 图所示。已知轴的转速 $n = 100\text{r/min}$，传递的功率 $P = 7.5\text{kW}$，材料的许用应力 $[\tau] = 40\text{MPa}$。试选择实心轴直径 d_1 和内外径比值为 1/2 的空心轴的外径 D_2。

7-8　有一钢制的空心圆截面轴，其内径 $d = 60\text{mm}$，外径 $D = 100\text{mm}$，所能承受的最大扭矩 $M_n = 1\text{kN} \cdot \text{m}$，单位长度许用扭转角 $[\varphi'] = 0.5$ (°)/m；材料的许用切应力 $[\tau] = 60\text{MPa}$，切变模量 $G = 80\text{GPa}$。试对该轴进行强度和刚度校核。

7-9　习题 7-9 图所示一圆截面直径为 80cm 的传动轴，上面作用的外力偶矩为 $M_1 = 1000\text{N} \cdot \text{m}$，$M_2 = 600\text{N} \cdot \text{m}$，$M_3 = 200\text{N} \cdot \text{m}$，$M_4 = 200\text{N} \cdot \text{m}$，

（1）试作出此轴的扭矩图。

（2）试计算各段轴内的最大切应力及此轴的总扭转角（已知材料的切变模量 $G = 79\text{GPa}$）。

（3）若将外力偶矩 M_1 和 M_2 的作用位置互换一下，问圆轴的直径是否可以减小?

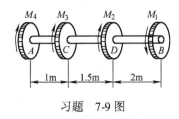

习题　7-9 图

习 题 答 案

7-1　（a）$|M_n|_{\max} = M_e$

  (b) $|M_n|_{max} = M_e$

  (c) $|M_n|_{max} = 3 \mathrm{kN \cdot m}$

  (d) $|M_n|_{max} = 7 \mathrm{kN \cdot m}$

7-2 $|M_n|_{max} = 1.59 \mathrm{kN \cdot m}$

7-3 $\tau = 63.7 \mathrm{MPa}$, $\tau_{max} = 84.9 \mathrm{MPa}$, $\tau_{min} = 42.4 \mathrm{MPa}$

7-4 $[P] = 38.6 \mathrm{kW}$

7-5 $d \geqslant 5.88 \mathrm{cm}$

7-6 $D \geqslant 6.01 \mathrm{cm}$

7-7 $d_1 \geqslant 45 \mathrm{mm}$ $D_2 \geqslant 46 \mathrm{mm}$

7-8 $\tau = 5.85 \mathrm{MPa}$ $\theta = 0.08(°)/\mathrm{m}$

7-9 (1) AC 段 $\tau_{max} = 1989.4 \mathrm{Pa}$, CD 段 $\tau_{max} = 3978.8 \mathrm{Pa}$, DB 段 $\tau_{max} = 9947.2 \mathrm{Pa}$

  (2) $\varphi_{AB} = 0.05 \times 10^{-3}$ (°)

  (3) 可以减小

第8章 平面弯曲

8.1 弯曲的概念及梁的分类

如果一直杆在通过杆的轴线的一个纵向平面内受到力偶或垂直于轴线的外力作用，则杆的轴线就会变成一条曲线，杆的这种变形形式称为**弯曲**（bending）。在工程实践中，弯曲变形的例子很多，例如图 8-1a 所示的桥式起重机，受到自重和被吊重物的重力作用（见图 8-1b）；高大的塔器受到水平方向风载荷的作用（见图 8-2a、b）；火车轮轴受到铁轨的约束和车厢内重物的作用（见图 8-3a、b）等，都将发生弯曲变形。以弯曲变形为主的杆件习惯上称为**梁**（beam）。

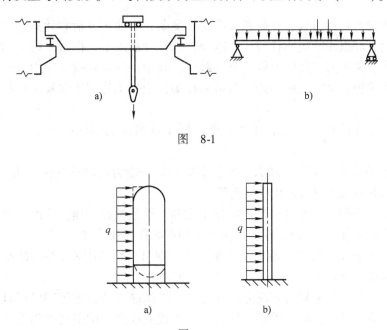

图 8-1

图 8-2

梁的横截面一般都有一根或几根对称轴。由横截面的对称轴和梁的轴线组成的平面，称为纵向对称面（见图 8-4）。当力偶或横向力作用在梁的纵向对称面时，梁的轴线就在纵向对称面内被弯成一条平面曲线，这种弯曲称为**平面弯曲**（plane bending），或**对称弯曲**（symmetrical bending）。

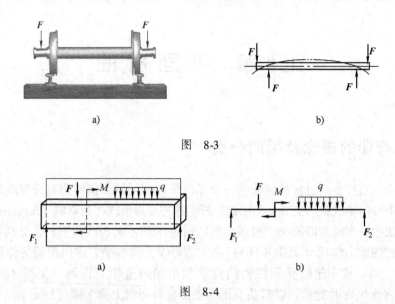

图 8-3

图 8-4

实际梁的几何形状、载荷和支座比较复杂，为便于分析和计算，常对梁作合理简化，并以计算简图代替。梁本身常以其轴线表示。作用在梁上的载荷可分为三种：集中力、集中力偶和分布载荷。其中，分布载荷又有均匀分布和非均匀分布两种。梁的支座形式一般可简化为固定铰支座、活动铰支座和固定端三种。

通过上述简化，工程上常见的梁根据支承情况的不同一般分为三种基本形式：

（1）简支梁　梁的一端为固定铰支座，另一端为活动铰支座。如图 8-1 所示的桥式起重机大梁可简化成简支梁。

（2）外伸梁　梁也有一个固定铰支座和一个活动铰支座，但梁至少有一端伸出在支座之外。如图 8-3 所示的火车轮轴可简化成外伸梁。

（3）悬臂梁　梁的一端为固定端，另一端自由。如图 8-2 所示的高大塔器就可简化成一悬臂梁。

以上三种梁的未知约束反力只有三个，根据静力平衡方程都可以求出，统称为静定梁。其中，简支梁或外伸梁的两个铰支座之间的距离称为跨度。而悬臂梁的跨度是指固定端到自由端的距离。

8.2　剪力与弯矩

作用在梁上的载荷，通过梁向支座传递其力的作用，支座将对梁产生相应的约束力。载荷传递所经过的梁的各个横截面都将产生相应的内力。根据静力平衡方程，可求得静定梁的支座约束力。然后应用截面法，可求出各横截面的内力。

现以图 8-5a 所示的简支梁为例，说明任一横截面 m-m 上内力的求法。先作梁的受力图，如图 8-5b 所示。由静力平衡方程，求得梁的支座约束力为

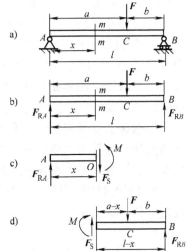

$$F_{RA} = \frac{Fb}{l}$$

$$F_{RB} = \frac{Fa}{l}$$

为了显示出横截面上的内力，用假想截面沿 m-m 面将梁分为两部分，并以左段为研究对象，如图 8-5c 所示。由于梁的整体处于平衡状态，因此，其各个部分也应处于平衡状态。据此，截面 m-m 上将产生内力 F_S 和 M，这些内力与外力 F_{RA} 在梁的左段必构成平衡力系。

图　8-5

由静力平衡方程 $\sum F_Y = 0$，得

$$F_{RA} - F_S = 0$$
$$F_S = F_{RA}$$

这一与横截面相切的内力 F_S 称为横截面 m-m 上的**剪力**（shearing force），它是与横截面相切的分布内力系的合力。

根据平衡条件，若把左段上的所有外力和内力对截面 m-m 的形心 O 取矩，其力矩总和应等于零，即 $\sum M_O = 0$，则 $M - F_{RA}x = 0$，得 $M = F_{RA}x$。

这一内力偶矩 M 称为横截面 m-m 上的**弯矩**（bending moment）。它是与横截面相垂直的分布内力系的合力偶矩。剪力和弯矩均为梁横截面上的内力，它们都可以通过梁段的局部平衡来确定。

从上面的分析可知：在数值上，剪力 F_S 等于截面 m-m 以左所有横向外力的代数和；弯矩 M 等于截面 m-m 以左所有外力（包括力偶）对该截面形心之矩的代数和。所以，F_S 和 M 可用截面 m-m 左侧的外力来计算。

若以梁的右段为研究对象（见图 8-5d），用相同的方法也可求得截面 m-m 上的剪力和弯矩。且在数值上，剪力等于截面 m-m 以右所有横向外力的代数和；弯矩等于截面 m-m 以右所有外力（包括力偶）对该截面形心之矩的代数和。由于剪力和弯矩是左段与右段在截面 m-m 上相互作用的内力，所以，右段作用于左段的剪力和弯矩，必然在数值上等于左段作用于右段的剪力和弯矩，但方向

相反。亦即，无论用截面 $m\text{-}m$ 左侧的外力，或截面 $m\text{-}m$ 右侧的剪力和弯矩，其数值是相等的，但方向相反。

为使上述两种方法得到的同一截面上的剪力和弯矩非但数值相等，而且符号也一致，从梁中截出一微段，长为 $\mathrm{d}x$，根据其变形情况作如下规定。

剪力符号规则：凡使一微段梁发生左侧截面向上、右侧截面向下相对错动的剪力为正（见图 8-6a）；反之为负（见图 8-6b）。也可理解为，凡作用在微段梁两侧截面上的剪力能绕微段梁做顺时针向转动者为正；反之为负。

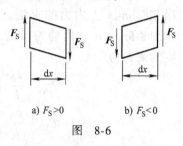

a) $F_S > 0$　　　　b) $F_S < 0$

图　8-6

根据这个符号规则，凡作用在横截面左边梁上指向朝上的外力，或作用在横截面右边梁上指向朝下的外力，将使该截面产生正的剪力；反之，产生负的剪力。

弯矩符号规则：凡使一微段梁发生向下凸的弯曲变形的弯矩为正（见图8-7a）；反之为负（见图8-7b）。

a) $M > 0$　　　　　　　　b) $M < 0$

图　8-7

根据这个符号规则，如果作用在横截面左边梁上的外力（包括力偶）对该形心的矩成顺时针转动时，或作用在右边梁上的外力对该截面形心的矩成逆时针转动时，则该截面的弯矩为正；反之为负。于是，在图 8-5 中，截面 $m\text{-}m$ 上的剪力和弯矩都是正的。

8.3　剪力图和弯矩图

梁横截面上的剪力和弯矩一般随截面位置不同而变化。若以横坐标 x 表示横截面在梁轴线上的位置，则各横截面上的剪力和弯矩可以表示为 x 的函数，即

$$F_S = F_S(x)$$

$$M = M(x)$$

上述函数表达式称为梁的剪力方程和弯矩方程。

为全面了解剪力和弯矩沿着梁轴线的变化情况，可根据剪力方程和弯矩方程用图线把它们表示出来。作图时，首先要建立 $F_S\text{-}x$ 或 $M\text{-}x$ 坐标系。一般选取梁的左端作为坐标原点，以横截面位置 x 为横坐标，剪力 F_S 值或 M 值为纵坐

标，然后将正的剪力或弯矩绘在 x 轴上侧，负的绘在 x 轴下侧。这样所得的图线，分别称为剪力图和弯矩图。现仍以图 8-5a 所示的简支梁为例，说明剪力图和弯矩图的作法。

例 8-1 简支梁尺寸和受力如图 8-8a 所示，试写出梁的剪力方程和弯矩方程，并作剪力图和弯矩图。

解 （1）确定支座约束力。

由静力平衡方程，求得梁的支座约束力为

$$F_{RA} = \frac{Fb}{l}, \quad F_{RB} = \frac{Fa}{l} \text{。}$$

（2）列剪力方程和弯矩方程

以梁的左端为坐标原点，选取坐标系如图 8-8a 所示。因 C 处作用有集中力 F，载荷是不连续的，故 C 处截面附近的弯曲内力的变化也是不连续的，因此应分 AC 段和 BC 段两段建立剪力方程和弯矩方程。在 AC 段内取距离原点为 x 的

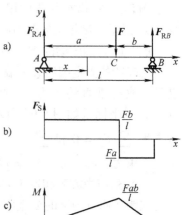
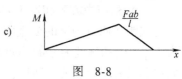

图　8-8

任意截面，截面以左只有外力 F_{RA}，根据剪力和弯矩的计算方法和符号规则，求得这一截面上的剪力 F_S 和弯矩 M 分别为

$$F_S(x) = \frac{Fb}{l} \quad (0 < x < a) \tag{a}$$

$$M(x) = \frac{Fb}{l}x \quad (0 \leqslant x \leqslant a) \tag{b}$$

这就是在 AC 段内的剪力方程和弯矩方程。

如在 CB 段内取距左端为 x 的任意截面，则截面以左只有外力 F 和 F_{RA}，可求得这一截面上的剪力 F_S 和弯矩 M 分别为

$$F_S(x) = \frac{Fb}{l} - F = -\frac{Fa}{l} \quad (a < x < l) \tag{c}$$

$$M(x) = \frac{Fb}{l}x - F(x-a) = \frac{Fa}{l}(l-x) \quad (a \leqslant x \leqslant l) \tag{d}$$

这就是在 CB 段内的剪力方程和弯矩方程。当然，如用截面右侧的外力来计算会得到同样的结果。

（3）作剪力图和弯矩图

由式（a）可知，在 AC 段内梁的任意横截面上的剪力皆为常数 Fb/l，且符号为正，故剪力图是平行于 x 轴的直线，如图 8-8b 所示。同理，可根据式（c）作 CB 段的剪力图。从剪力图看出，当 $a > b$ 时，最大剪力为 $|F_S|_{\max} = Fa/l$。

由式（b）可知，在 AC 段内弯矩为 x 的一次函数，故弯矩图是一条斜直线。

只要确定线上的两点，就可以确定该直线。例如，当 $x=0$ 处，$M=0$；$x=a$ 处，$M=Fab/l$。连接这两点就得到 AC 段内的弯矩图，如图 8-8c 所示。可根据式 (d) 作 CB 段的弯矩图。从弯矩图看出，最大弯矩在截面 C 上，且 $M_{max}=Fab/l$。

例 8-2　在均布载荷作用下的悬臂梁如图 8-9a 所示。试作梁的剪力图和弯矩图。

解　(1) 确定梁的支座约束力。

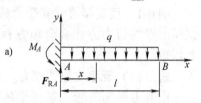

悬臂梁的固定端约束了端截面的移动和转动，故有垂直约束力 F_{RA} 和反作用力偶 M_A。选取坐标系如图 8-9a 所示。由静力平衡方程 $\sum F_y=0$ 和 $\sum M_A=0$，求得梁的支座约束力：$F_{RA}=ql$，$M_A=ql^2/2$。

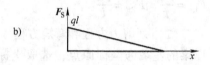

(2) 列剪力方程和弯矩方程

在距离原点为 x 的横截面左侧，有约束力 F_{RA}、M_A 和集度为 q 的均布载荷，但在截面右侧只有均布载荷。所以，宜用截面右侧的外力来计算剪力和弯矩。这样，可不必首先求出约束力，而直接算出剪力 F_S 和弯矩 M 为

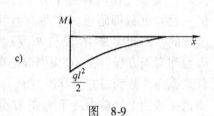

图　8-9

$$F_S(x)=q(l-x) \tag{e}$$

$$M(x)=-q(l-x)\frac{(l-x)}{2}=-\frac{q(l-x)^2}{2} \tag{f}$$

(3) 作剪力图和弯矩图

式 (e) 表明，剪力图是一条斜直线，只要确定两点就可定出这一斜直线，如图 8-9b 所示。式 (f) 表明，弯矩图是一条抛物线，要多取几个点才能画出这条曲线。例如，

$$x=0, M(0)=-\frac{1}{2}ql^2; \quad x=\frac{l}{4}, \quad M\left(\frac{l}{4}\right)=-\frac{9}{32}ql^2;$$

$$x=\frac{l}{2}, \quad M\left(\frac{l}{2}\right)=-\frac{1}{8}ql^2; \quad x=l, \quad M(l)=0$$

最后绘出弯矩图如图 8-9c 所示。

例 8-3　图 8-10a 所示简支梁受集中力偶 M_e 作用。试作梁的剪力图和弯矩图。

解　(1) 确定支座约束力。

由静力平衡方程，求得梁的支座约束力为 $F_{RA}=M_e/l$（向下），$F_{RB}=M_e/l$（向上）。

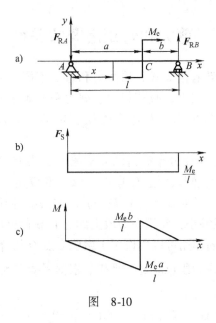

图 8-10

（2）列剪力方程和弯矩方程

剪力方程只与集中力有关，而不受集中力偶的影响，则整个梁上可写成一个统一的剪力方程，即

$$F_S(x) = -F_{RA} = -\frac{M_e}{l} \quad (0 < x < l) \tag{g}$$

弯矩方程在 AC 段和 BC 段上不一样。

AC 段：
$$M(x) = -F_{RA}x = -\frac{M_e}{l}x \quad (0 \leqslant x < a) \tag{h}$$

BC 段：
$$M(x) = F_{RB}(l-x) = \frac{M_e}{l}(l-x) \quad (a < x \leqslant l) \tag{i}$$

（3）作剪力图和弯矩图

由式（g）画出剪力图如图 8-10b 所示。根据式（h）和式（i）画出弯矩图如图 8-10c 所示。可见，在集中力偶作用处的左、右两侧截面上的弯矩值发生突变，且突变值为集中力偶的值。

通过以上几个例题，总结画剪力图和弯矩图的基本步骤如下：

1）求约束力。

2）利用截面法，分别以集中载荷、集中力偶、分布载荷的边界为界分段写出剪力方程和弯矩方程。

3）根据剪力方程逐段画剪力图。

4）根据弯矩方程逐段画弯矩图。

*8.4 载荷集度、剪力和弯矩之间的关系

由于载荷不同，梁上各横截面的剪力和弯矩不同，因而得出各种不同形式的剪力图和弯矩图。事实上，载荷集度、剪力和弯矩之间是有一定关系的，掌握了这个关系，对于作剪力图和弯矩图很有帮助。下面就来研究它们之间的关系。

考察图 8-11a 所示承受分布载荷的简支梁。从梁上截取长为 $\mathrm{d}x$ 的微段，并放大为图 8-11b。微段左侧截面上有剪力 $F_\mathrm{S}(x)$ 和弯矩 $M(x)$，则右侧截面上的剪力和弯矩分别为 $F_\mathrm{S}(x)+\mathrm{d}F_\mathrm{S}(x)$ 和 $M(x)+\mathrm{d}M(x)$。微段两侧截面上的内力均取为正值。假设 $\mathrm{d}x$ 足够小，作用在微段上的分布载荷可以认为是均布的，并设向上为正。分布载荷的作用可以用作用于微段中点 O 的合力 $q(x)\mathrm{d}x$ 代替。由于梁整体是平衡的，所取微段也应处于平衡。根据平衡方程 $\sum F_y=0$ 和 $\sum M_O=0$，得到

$$F_\mathrm{S}(x)+q(x)\mathrm{d}x-\left[F_\mathrm{S}(x)+\mathrm{d}F_\mathrm{S}(x)\right]=0$$

$$\left[M(x)+\mathrm{d}M(x)\right]-M(x)-F_\mathrm{S}(x)\frac{\mathrm{d}x}{2}-\left[F_\mathrm{S}(x)+\mathrm{d}F_\mathrm{S}(x)\right]\frac{\mathrm{d}x}{2}=0$$

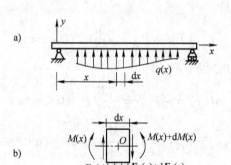

图　8-11

略去其中的高阶微量后得到

$$\frac{\mathrm{d}F_\mathrm{S}(x)}{\mathrm{d}x}=q(x) \tag{8-1}$$

$$\frac{\mathrm{d}M(x)}{\mathrm{d}x}=F_\mathrm{S}(x) \tag{8-2}$$

这就是直梁微段的平衡方程。利用式 (8-1) 和式 (8-2) 可进一步得出

$$\frac{\mathrm{d}^2 M(x)}{\mathrm{d}x^2} = \frac{\mathrm{d}F_\mathrm{S}(x)}{\mathrm{d}x} = q(x) \tag{8-3}$$

以上三式表示了梁任一横截面上剪力 F_S、弯矩 M 和分布载荷集度 q 之间的导数关系。式（8-1）的几何意义是：剪力图曲线上任一点的切线斜率，等于在梁上相应点处的载荷集度 q；式（8-2）的几何意义是：弯矩图曲线上任一点的切线斜率，等于梁在相应横截面上的剪力 F_S；式（8-3）的几何意义是：弯矩图曲线上任一点切线斜率的变化率，等于梁在该点处的载荷集度 q。

根据上述微分关系，由梁上载荷的变化即可推知剪力图和弯矩图的形状。

1）若某段梁上无分布载荷，即 $q(x) = 0$，则该段梁的剪力 $F_\mathrm{S}(x)$ 为常量，剪力图为平行于 x 轴的直线；而弯矩 $M(x)$ 为 x 的一次函数，弯矩图为斜直线。

2）若某段梁上的分布载荷 $q(x) =$ 常数，则该段梁的剪力 $F_\mathrm{S}(x)$ 为 x 的一次函数，剪力图为斜直线；而 $M(x)$ 为 x 的二次函数，弯矩图为抛物线。当 $q(x) =$ 常数 > 0（向上）时，弯矩图为向下凸的曲线；当 $q(x) =$ 常数 < 0（向下）时，弯矩图为向上凸的曲线。

3）若某截面的剪力 $F_\mathrm{S}(x) = 0$，根据 $\dfrac{\mathrm{d}M(x)}{\mathrm{d}x} = F_\mathrm{S}(x)$，该截面的弯矩为极值。

例 8-4　外伸梁的尺寸及所受载荷如图 8-12a 所示，试根据内力的微分关系画出剪力图与弯矩图。

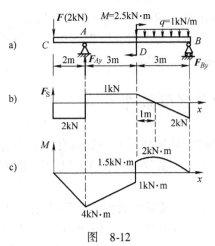

图　8-12

解　（1）由静力平衡方程求出支座约束力。

$$F_{Ay} = 3\mathrm{kN}$$
$$F_{By} = 2\mathrm{kN}$$

（2）分段作剪力图

CA 段和 AD 段上无分布力，剪力为常数。CA 段的剪力为 −2kN，A 点左侧和 A 点右侧的剪力分别为

$$F_{SA-} = -2\text{kN}$$

$$F_{SA+} = -2\text{kN} + 3\text{kN} = 1\text{kN}$$

AD 段的剪力为 1kN。DB 段剪力线性分布，其斜率为 $q = -1\text{kN}$。由于 D 点无集中力，所以此处剪力连续。B 端剪力为 $F_{SB-} = -2\text{kN}$。画出的梁的剪力图如图 8-12b 所示。

（3）分段作弯矩图

C 点为自由端，弯矩为零。CA 段和 AD 段由于剪力为常数，M 图线性变化。A 点弯矩为

$$M_{A-} = M_{A+} = -2\text{kN} \times 2\text{m} = -4\text{kN} \cdot \text{m}$$

D 点左侧的弯矩为

$$M_{D-} = -2\text{kN} \times 5\text{m} + 3\text{kN} \times 3\text{m} = -1\text{kN} \cdot \text{m}$$

D 点右侧的弯矩为

$$M_{D+} = M_{D-} + 2.5\text{kN} \cdot \text{m} = 1.5\text{kN} \cdot \text{m}$$

DB 段弯矩图为上凸的抛物线，对应于 $F_S = 0$ 处弯矩达到极大值。由剪力图可知在距离 B 点 2m 处弯矩最大，为

$$M_{\max} = F_{By} \times 2\text{m} - \frac{1}{2}q \times (2\text{m})^2 = 2\text{kN} \cdot \text{m}$$

支座 B 处弯矩为零。画出的梁的弯矩图如图 8-12c 所示。

注意用微分关系画弯曲内力图时，可先将每一段的两端的内力值确定，再利用前面所述规律将区间内曲线画出。

8.5　弯曲正应力及强度条件

当梁受力发生弯曲时，其横截面上一般既有弯矩又有剪力，弯矩引起正应力，剪力引起切应力。本节主要讨论弯曲正应力在横截面上的分布规律以及强度计算。

简支梁如图 8-13a 所示，其对应的剪力图和弯矩图如图 8-13b，c 所示。由弯曲内力图可知，在梁的的 CD 段内，横截面上的剪力等于零，而弯矩为一常量，即 $M = Fa$。这种只有弯矩而无剪力的情况，称为**纯弯曲**（pure bending）。

为了研究纯弯曲段中横截面上正应力的分布规律及计算，同研究圆轴扭转问题一样，需从变形的几何关系、物理关系和静力学关系三方面综合考虑。

1. 几何关系

为便于观察，取矩形截面梁进行实验。未加载荷以前，先在梁的侧面分别

画上与梁轴相垂直的横向线，以及与梁轴相平行的纵向线，如图 8-14a 所示。前者代表梁的横截面，后者代表梁的纵向纤维。梁在纯弯曲变形后（见图 8-14b）可观察到以下现象：

1）两条横向线仍是直线，且仍垂直于变形后的轴线，但已相互倾斜。

2）纵向线都变成了圆弧线，近凹边的纵向线缩短，而近凸边的纵向线伸长了。

3）梁横截面的高度不变，而梁的宽度在压缩区域有所增加，在拉伸区域有所减少。

根据上述实验现象，可作如下假设：

1）梁在纯弯曲时，各横截面始终保持为平面，并垂直于梁的轴线，此即为平截面假设。

2）纵向纤维之间没有相互挤压，纵向纤维只受到简单拉伸或压缩。

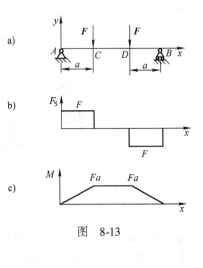

图 8-13

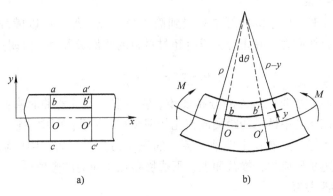

图 8-14

由平截面假设可知，变形前在两个截面之间，沿轴向所有的线段都有相同的长度。弯曲变形后如图 8-14b 所示，梁的顶面的纵向线段 aa' 缩短最大，而在底面的纵向线段 cc' 的伸长最大。于是可以推断在梁的中间某处（OO'）必定有一层纤维既不伸长、也不缩短，这一层纤维称为**中性层**（neutral surface）（见图 8-15a）。中性层与横截面的交线称为**中性轴**（neutral axis）。在对称弯曲问题中，梁所承受的载荷都作用于纵向对称面内，梁的轴线在变形后将成为对称面内的曲线。弯曲变形时，梁的横截面就是绕中性轴转动的。

在图 8-14 中，中性层处的线段 OO' 长度不变。假设弯曲变形后中性层的曲率半径为 ρ，梁段左右两截面的相对转角为 $\mathrm{d}\theta$。在距离中性层 y 高度处，原长度与 OO' 相同的线段变形后的长度为 $(\rho - y)\mathrm{d}\theta$。因此，在 y 高度处纵向线段的应

变为

$$\varepsilon = \frac{(\rho - y)\,\mathrm{d}\theta - \rho\mathrm{d}\theta}{\rho\mathrm{d}\theta} = -\frac{y}{\rho} \tag{8-4}$$

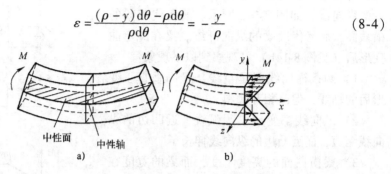

图 8-15

这就是横截面上各点线应变沿截面高度的变化规律。它说明梁内部任一纵向纤维的线应变 ε 与该层到中性层的距离 y 成正比，与中性层的曲率半径 ρ 成反比。式（8-4）中的负号表示产生压应变。

2. 物理关系

梁纯弯曲时，由于纵向纤维只受到简单拉伸或压缩，所以横截面上只有正应力，而没有切应力。在正应力没有超过材料的比例极限时，由胡克定律知

$$\sigma = E\varepsilon = -E\frac{y}{\rho} \tag{8-5}$$

这就是横截面上弯曲正应力的分布规律。它说明，梁纯弯曲时横截面上任一点的正应力与该点到中性轴的距离成正比如图 8-15b 所示；距中性轴同一高度上各点的正应力相等。显然在中性轴上各点的正应力为零，而在中性轴的一边是拉应力，另一边是压应力；横截面上、下边缘各点正应力的数值最大。

3. 静力学关系

由于上述中性轴的位置和曲率 $1/\rho$ 都不知道，还不能计算弯曲正应力的数值，这要从静力学方面来解决。

以梁横截面的对称轴为 y 轴，且向上为正。以中性轴为 z 轴，但中性轴的位置待定。而 x 轴是通过原点的横截面的法线。在纯弯曲条件下，根据梁的分离体（见图 8-15b）的平衡可知，横截面上的非零内力只有弯矩 M。平衡关系可以表示为

$$F_{\mathrm{N}} = \int_A \sigma\mathrm{d}A = 0 \tag{8-6}$$

$$M_y = \int_A z\sigma\mathrm{d}A = 0 \tag{8-7}$$

$$M_z = -\int_A y\sigma\mathrm{d}A = M \tag{8-8}$$

将式（8-5）代入式（8-6），得

$$F_N = \int_A \sigma dA = -\int_A E\frac{y}{\rho}dA = -\frac{E}{\rho}\int_A ydA = 0$$

式中，$\int_A ydA = S_z = Ay_C$ 为横截面对中性轴的静矩（A 为横截面面积，y_C 为截面形心坐标）。由于弯曲变形时 $E/\rho \neq 0$，所以必须使 $S_z = 0$。由于截面积 $A \neq 0$，所以 $y_C = 0$，即中性轴必须通过截面的形心（附录 A）。这就完全确定了中性轴的位置。

将式（8-5）代入式（8-7），得

$$M_y = \int_A z\sigma dA = -\frac{E}{\rho}\int_A yzdA = 0$$

式中，$\int_A yzdA = I_{yz}$ 是横截面对 y 和 z 轴的惯性积。由于 y 轴是横截面的对称轴，所以上式自然满足（附录 A）。

将式（8-5）代入式（8-8）

$$M_z = -\int_A y\sigma dA = \frac{E}{\rho}\int_A y^2 dA = \frac{E}{\rho}I_z = M$$

式中，$I_z = \int_A y^2 dA$ 是横截面对中性轴（z 轴）的惯性矩，于是得到

$$\frac{1}{\rho} = \frac{M}{EI_z} \tag{8-9}$$

式中，$1/\rho$ 是梁轴线的曲率；EI_z 称为抗弯刚度，它表示梁抵抗弯曲的能力。EI_z 的值越大，梁的曲率越小。上式表示曲率与弯矩成正比。将式（8-9）代入式（8-5），得到

$$\sigma = -\frac{My}{I_z} \tag{8-10}$$

这就是计算梁纯弯曲时横截面上正应力的公式。

式（8-10）表明，正应力 σ 与弯矩 M 成正比，它沿截面高度呈线性分布。式中的负号与所取坐标系中 y 轴方向有关。当 M 是正弯矩时，中性轴的上部 σ 为负，是压应力；在中性轴的下部 σ 为正，是拉应力。但在实际计算中，通常用 M 和 y 的绝对值来计算 σ 的大小，再根据梁的变形情况，直接判断是拉应力还是压应力。这样，即可把式（8-10）中的负号去掉，改写为

$$\sigma = \frac{My}{I_z} \tag{8-11}$$

从式（8-11）可知，在横截面上最外边缘处弯曲正应力最大，其值为

$$\sigma_{max} = \frac{My_{max}}{I_z} \tag{8-12}$$

令 $W_z = \dfrac{I_z}{y_{\max}}$，则上式可以简单地表示为

$$\sigma_{\max} = \frac{M}{W_z} \qquad (8\text{-}13)$$

式中，W_z 称为抗弯截面系数。W_z 是一个截面几何参数，具有长度三次方的量纲。例如高为 h，宽为 b 矩形截面的抗弯截面系数

$$W_z = \frac{I_z}{h/2} = \frac{bh^3/12}{h/2} = \frac{bh^2}{6} \qquad (8\text{-}14)$$

直径为 D 的圆截面，其抗弯截面系数为

$$W_z = \frac{I_z}{D/2} = \frac{\pi D^4/64}{D/2} = \frac{\pi}{32}D^3 \qquad (8\text{-}15)$$

各种型钢的抗弯截面系数可以从附录 B 型钢表中查到。

以上所述的弯曲正应力公式是从纯弯曲情况得来的，并得到了实践的验证。必须指出，对于梁纯弯曲的正应力公式，只有当梁的材料服从胡克定律，而且在拉伸或压缩时的弹性模量相等的条件下才能应用。

工程实践中的梁在一般的载荷情况下弯矩 M 沿梁的长度不是常数，截面上有剪力存在。这种情况称为剪切弯曲，简称"剪弯"。这是在弯曲问题中最常见的情形。此时梁截面上不仅有正应力，还有切应力。由于切应力的存在，梁的横截面不再保持平面，会产生翘曲。作为工程理论，假设纯弯曲下推导的弯曲变形公式（8-9）和正应力公式（8-11）在剪切弯曲条件下仍然适用，即有

$$\frac{1}{\rho} = \frac{M(x)}{EI_z}$$

$$\sigma(x) = \frac{M(x)y}{I_z} \qquad (8\text{-}16)$$

对于剪弯梁，M 是 x 的函数，所以曲率 $1/\rho$ 和正应力 $\sigma(x)$ 都是 x 的函数。正应力在给定的截面上仍然沿梁的高度线性分布。以上述两方程为基础来近似求解剪弯梁的问题，是"材料力学"的处理方法。细长梁用上述公式的计算结果与精确解比较，以及与实验结果的比较发现上述近似解有足够的精确度，可以满足工程的需要。

一般等直梁发生横力弯曲时，弯矩最大的横截面都是梁的危险截面。若梁的材料的拉伸和压缩许用应力相等，则选取弯矩绝对值最大的横截面为危险截面，最大弯曲正应力 $\sigma_{\max}$ 就在危险截面的上、下边缘处。为了保证梁能安全工作，最大工作应力 $\sigma_{\max}$ 不得超过材料的许用弯曲正应力 $[\sigma]$。于是梁弯曲正应力的强度条件为

$$\sigma_{\max} = \frac{M_{\max}}{W_z} \leqslant [\sigma] \qquad (8\text{-}17)$$

应用式（8-17）时应注意，对于抗拉和抗压强度不等的材料，如铸铁，拉和压的最大应力都应不超过各自的许用应力，即拉伸和压缩应分别校核。

例 8-5 矩形截面梁尺寸和受载如图 8-16a 所示。已知 $q = 60$ kN/m，梁的许用应力 $[\sigma] = 160$ MPa。试校核梁的强度。

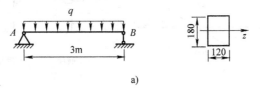

a)

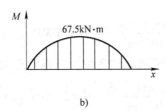

b)

图 8-16

解 求出支座约束力为 $F_{RA} = 90$ kN（向上），$F_{RB} = 90$ kN（向上）。
作梁的弯矩图如图 8-16b 所示。

可见，梁的最大弯矩在梁的中间截面，$M_{max} = 67.5$ kN·m。则

$$\sigma_{max} = \frac{|M|_{max}}{W_z} = \frac{67.5 \times 10^3 \text{N·m}}{\frac{1}{6} \times 0.12\text{m} \times 0.18^2 \text{m}^2} = 104.2 \text{MPa} < [\sigma]$$

故梁的强度足够，满足使用要求。

例 8-6 图 8-17a 所示外伸梁用铸铁制成，其横截面为槽形，承受均布载荷 $q = 10$ kN/m 和集中力 $F = 20$ kN 的作用。已知截面惯性矩 $I_z = 4.0 \times 10^7$ mm⁴，从截面形心到下表面和上表面之距分别为 $y_1 = 140$ mm，$y_2 = 60$ mm（见图 8-17b）。材料的许用拉应力 $[\sigma^+] = 35$ MPa，许用压应力 $[\sigma^-] = 140$ MPa，试校核此梁的强度。

解 （1）梁的内力分析，确定危险截面。

先作出梁的弯矩图，如图 8-17c 所示，在截面 D 处有最大正弯矩 $M_D = 10$ kN·m，在截面 B 处有最大负弯矩 $M_B = -20$ kN·m。截面 D 和 B 都可能是危险截面。

（2）确定危险点

如图 8-17d 所示，截面 B 的底面 b 点和截面 D 的顶面 c 点受压。由于 $|M_B y_1| > |M_D y_2|$，所以梁内最大弯曲压应力在 b 点

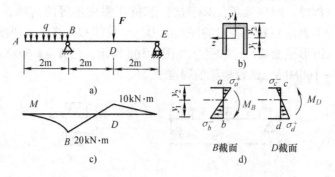

图　8-17

$$\sigma_b = \frac{M_B y_1}{I_z} = \frac{20 \times 10^3 \text{N} \cdot \text{m} \times 140 \times 10^{-3}\text{m}}{4.0 \times 10^{-5}\text{m}^4} = 70\text{MPa} \quad （压应力）$$

截面 B 的顶面 a 点和截面 D 的底面 d 点受拉，分别计算两点拉应力

$$\sigma_a = \frac{M_B y_2}{I_z} = \frac{20 \times 10^3 \text{N} \cdot \text{m} \times 60 \times 10^{-3}\text{m}}{4.0 \times 10^{-5}\text{m}^4} = 30\text{MPa} \quad （拉应力）$$

$$\sigma_d = \frac{M_D y_1}{I_z} = \frac{10 \times 10^3 \text{N} \cdot \text{m} \times 140 \times 10^{-3}\text{m}}{4.0 \times 10^{-5}\text{m}^4} = 35\text{MPa} \quad （拉应力）$$

（3）校核强度

$$\sigma^-_{\max} = \sigma_b = 70\text{MPa} < [\sigma^-]$$

$$\sigma^+_{\max} = \sigma_d = 35\text{MPa} = [\sigma^+]$$

所以梁是安全的。

*8.6　弯曲切应力及强度条件

　　直梁在剪切弯曲时，横截面上不仅有弯矩 M，而且还有剪力 F_s。因此相应地在横截面上有正应力 σ 和剪应力 τ。如果剪应力的数值较大，而制成梁的材料抗剪强度又较差时，也可能发生剪切破坏。本节将以矩形截面和工字形截面梁为例，简单介绍其剪应力的分布情况及剪应力的计算公式。

　　1. 矩形截面梁的弯曲切应力

　　矩形截面梁如图 8-18a 所示。设截面宽为 b，高为 h，截面惯性矩 $I_z = bh^3/12$。

　　对于细长矩形截面梁，可以假设：

　　1）截面上任意一点的剪应力，其方向与剪力 F_s 的方向平行。

　　2）距中性轴 z 等高的各点剪应力大小相等（见图 8-18b）。

　　根据以上假设，经过理论分析可得矩形截面直梁的弯曲剪应力公式为

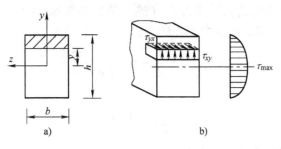

图　8-18

$$\tau = \frac{F_S S_z^*}{b I_z} \tag{8-18}$$

式中，F_s 是横截面上的剪力；I_z 为横截面对中性轴 z 的惯性矩；S_z^* 表示距中性轴距离为 y 的纤维层以上或以下部分横截面面积对中性轴 z 的静矩。且有

$$S_z^* = \int_{A_2} y \mathrm{d}A = \int_y^{h/2} by \mathrm{d}y = \frac{b}{2}\left(\frac{h^2}{4} - y^2\right)$$

将 S_z^* 的表达式代入式（8-14），得距中性轴 y 处的弯曲切应力为

$$\tau = \frac{F_s}{2 I_z}\left(\frac{h^2}{4} - y^2\right) \tag{8-19}$$

由式（8-19）可知，矩形截面的弯曲切应力沿截面高度按抛物线规律分布，如图 8-18b 所示。当 $y = \pm h/2$ 时，即在横截面上下边缘处，切应力 $\tau = 0$。随着至中性轴距离的减小，切应力逐渐增大。当 $y = 0$ 时，即在中性轴上，τ 达到最大值：

$$\tau_{\max} = 1.5 \frac{F_s}{bh} = 1.5 \frac{F_s}{A} \tag{8-20}$$

式中，F_s/A 是截面上切应力的平均值。可见矩形截面最大弯曲切应力是平均切应力的 1.5 倍。

例 8-7　图 8-19 所示的简支矩形截面梁长度为 l，截面的宽和高分别为 b 和 h。在梁中间承受一集中载荷 F。试求最大切应力 $\tau_{\max}$ 与最大正应力 $\sigma_{\max}$ 的比值。

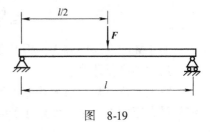

图　8-19

解　最大弯矩发生的梁的跨度的中点

$$M_{\max} = \frac{Fl}{4}$$

在梁的上表面有最大压应力，下表面有最大拉应力，它们的绝对值相等，为

$$\sigma_{\max} = \frac{M_{\max}}{W_z} = \frac{FL}{4}\frac{6}{bh^2} = 1.5 \frac{Fl}{bh^2}$$

在集中力和两个支座之间，剪力 F_s（绝对值）为常数 $F/2$。前面已经计算过，对于矩形截面，在梁高度的中点有最大切应力，其值为

$$\tau_{max} = 1.5\frac{F_S}{A} = 1.5\frac{F}{2bh} = \frac{3}{4}\frac{F}{bh}$$

所以

$$\frac{\tau_{max}}{\sigma_{max}} = \frac{1}{2}\frac{h}{l}$$

2. 工字形截面梁的弯曲切应力

工字形截面梁由中间的腹板与上下两翼缘板组成，如图 8-20 所示。其中，腹板为一狭长矩形，主要承受剪力。这里关于矩形截面上切应力分布的两个假设仍然适用。用相同的方法可导出相同的切应力计算公式 $\tau = \dfrac{F_S S_z^*}{d\,I_z}$。但 S_z^* 的表达式为

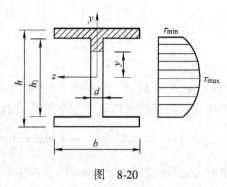

图 8-20

$$S_z{}^* = b\frac{h-h_1}{2}\frac{h/2+h_1/2}{2} + d\left(\frac{h_1}{2}-y\right)\frac{h_1/2+y}{2} = \frac{b}{2}\frac{h^2-h_1{}^2}{4} + \frac{d}{2}\left(\frac{h_1{}^2}{4}-y^2\right)$$

所以腹板上切应力的计算式为

$$\tau = \frac{F_S}{I_z d}\left[\frac{b}{8}(h^2-h_1^2) + \frac{d}{2}\left(\frac{h_1^2}{4}-y^2\right)\right] = \tau_{min} + \frac{F_S}{2I_z}\left(\frac{h_1^2}{4}-y^2\right) \tag{8-21}$$

可见，沿腹板高度，切应力也是按抛物线规律分布的。腹板与翼缘交界处切应力最小，其值为

$$\tau_{min} = \frac{F_s b(h^2-h_1{}^2)}{8I_z d}$$

中性轴处切应力最大，其值为

$$\tau_{max} = \frac{F_s\left[bh^2-h_1{}^2(b-d)\right]}{8I_z d}$$

至于翼缘上的切应力，因其分布较复杂，而且其数值远小于腹板上的切应力，通常不进行计算。

纵上所述可知，最大切应力通常发生在最大剪力所在截面的中性轴上，而该处最大正应力为零，该点处于纯切应力状态，故梁的切应力强度条件为

$$\tau_{max} = \frac{F_{Smax}S_{zmax}^*}{bI_z} \leqslant [\tau] \tag{8-22}$$

式中，S_{zmax}^* 是中性轴以下（或以上）部分截面对中性轴的静矩；b 为横截面在中性轴处的宽度。

对于细长梁，其最大切应力远小于最大正应力，通常只须校核弯曲正应力强度条件。但对于短跨的或在支座附近作用着较大载荷的梁以及具有铆接或焊接的组合截面（例如工字形截面）的梁，一般还需要进行切应力强度校核。

8.7 提高弯曲强度的措施

弯曲正应力是控制弯曲强度的主要因素，故弯曲正应力的强度条件表达式 (8-17) 往往是设计梁的主要依据。从该条件可以看出，要提高梁的承载能力应从两个方面考虑。一方面是合理安排梁的受力情况，以降低 M_{max} 的数值；另一方面是采用合理的截面形状，以提高 W_z 的数值，充分利用材料的性能。下面分几点进行简单讨论。

1. 合理安排梁的受力

（1）合理布置梁的支座　把图 8-21a 改成图 8-21b 的形式，则最大弯矩减小为前者的 $1/5$。

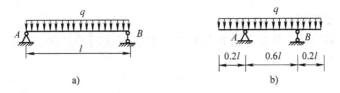

图　8-21

（2）合理布置载荷　将图 8-22a 中的集中力化为图 8-22b 中的分散力，也可收到降低最大弯矩的效果。

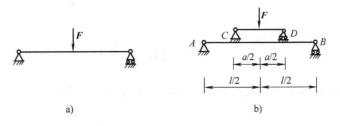

图　8-22

2. 采用合理截面形状

在同样的用材量（质量）下，薄壁截面的 I_z 较高。所以，工程上大量使用型钢。这些型钢的截面中部用材较少，材料都集中在截面上下部。对于抗拉和抗压强度相等的材料（如碳钢），常采用对中性轴对称的截面，如工字形、矩形等。对于抗拉和抗压强度不相等的材料（如铸铁），常采用中性轴偏于受拉一侧的截面形状，如图 8-23 所示的 T 字形截面等。这类截面能使 y_1 和 y_2 之比接近于下列关系：

$$\frac{\sigma_{tmax}}{\sigma_{cmax}} = \frac{y_1}{y_2} = \frac{[\sigma_t]}{[\sigma_c]}$$

式中，$[\sigma_t]$ 和 $[\sigma_c]$ 分别表示拉伸和压缩的许用应力。这样，最大拉应力和最大压应力便可同时接近许用应力。

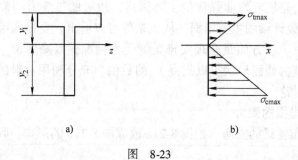

图 8-23

3. 使用变截面梁

变截面梁的尺寸是按各截面上的弯矩 M 值来进行设计的。图 8-24 中所示的梁均为变截面梁。

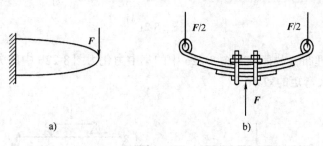

图 8-24

这类梁可使材料用量大幅下降。若能使 W_z 满足下列条件：

$$W_z(x) = \frac{M(x)}{[\sigma]}$$

此时，梁上每个截面的最大正应力都刚好达到 $[\sigma]$，这样设计出来的梁称为**等强度梁**。

8.8 梁弯曲的基本方程

工程中除了要求构件有足够的强度外，还要求其变形不能过大，即构件应该有足够的刚度。例如减速器中的齿轮轴，如果轴的弯曲变形过大，那么轴上的齿轮就不能在轮齿宽度上良好地接触，从而影响齿轮的正常运转，加速齿轮的磨损，还将发生噪声和振动。建筑物的框架结构，如果产生过大的变形，会使墙体和楼板上产生裂缝，产生不安全感。弯曲变形的计算除用于解决弯曲刚度问题外，还用于求解超静定和振动问题。

简支梁如图 8-25 所示，以弯曲变形前梁的轴线为 x 轴，垂直向上的轴为 y 轴，xy 平面为梁的纵向对称面。在平面对称弯曲情况下，变形后梁的轴线将变成 xy 平面内的一条曲线，称为挠曲线。此时，横截面的形心在垂直于弯曲前的轴线方向所产生的线位移，称为**挠度**（deflection），用符号 w 表示，且规定沿 y 轴正向的挠度为正。而梁的横截面绕其中性轴转过的角度 θ，称为截面**转角**（angle of rotation）。它等于挠曲线的切线与 x 轴的夹角。规定逆时针方向的转角为正。

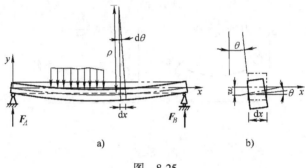

图 8-25

挠度和转角是描述弯曲变形的两个基本量。在小变形情况下，它们之间有如下关系：

$$\theta \approx \tan\theta = \frac{\mathrm{d}w}{\mathrm{d}x} \tag{8-23}$$

当梁发生弯曲时，前面已经推导了中性轴的曲率半径 ρ 与弯矩 M 间的关系为

$$\frac{1}{\rho(x)} = \frac{M(x)}{EI} \tag{a}$$

此外，由微积分学可知，平面曲线 $w = w(x)$ 上任一点的曲率为

$$\frac{1}{\rho(x)} = \pm \frac{\dfrac{\mathrm{d}^2 w}{\mathrm{d}x^2}}{\left[1 + \left(\dfrac{\mathrm{d}w}{\mathrm{d}x}\right)^2\right]^{3/2}} \tag{b}$$

由于转角 θ 一般很小，$\theta = \mathrm{d}w/\mathrm{d}x < <1$，上式右边分母中的 $\mathrm{d}w/\mathrm{d}x$ 的平方项可以忽略，于是上式可简化为

$$\frac{1}{\rho(x)} = \pm \frac{\mathrm{d}^2 w}{\mathrm{d}x^2} \tag{c}$$

由式（a）和式（c）得

$$\pm \frac{\mathrm{d}^2 w}{\mathrm{d}x^2} = \frac{M(x)}{EI} \tag{d}$$

由于弯矩 M 与 $\dfrac{\mathrm{d}^2 w}{\mathrm{d}x^2}$ 的符号始终是一致的，如图 8-26 所示，故上式中只取正号，即

$$\frac{\mathrm{d}^2 w}{\mathrm{d}x^2} = \frac{M(x)}{EI} \tag{8-24}$$

此方程称为挠曲线的近似微分方程。该方程为后面梁弯曲变形的计算提供了基础。

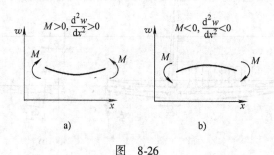

图 8-26

8.9　用积分法求弯曲变形

对于等截面直梁，其抗弯刚度 EI 为一常量，挠曲线近似微分方程式（8-24）常写成

$$EIw'' = M(x) \tag{8-25}$$

在等号两边同乘以 $\mathrm{d}x$，进行一次积分，可得转角方程为

$$EI\theta = EIw' = \int M(x)\,\mathrm{d}x + C \tag{8-26}$$

再积分一次，得挠曲线方程为

$$EIw = \iint [M(x)\,\mathrm{d}x]\,\mathrm{d}x + Cx + D \tag{8-27}$$

上两式中积分常数 C 和 D 可由边界条件或连续性条件确定。例如梁在固定端处的边界条件为：挠度 $w = 0$，转角 $\theta = 0$；在铰支座处的边界条件为：挠度 $w = 0$ 等。此外，挠曲线是一条连续光滑的曲线，在挠曲线上任意一点有唯一的挠度和转角。这就是连续性条件。下面举例说明积分法求弯曲变形的过程。

例 8-8　如图 8-27 所示，悬臂梁的端部受集中力 F 作用。已知梁的抗弯刚度为 EI，试求梁的转角方程和挠度方程，并求截面 B 的转角和挠度。

解　选取坐标系如图所示。梁的弯矩方程为

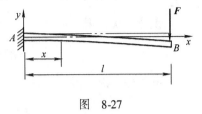

$$M(x) = -F(l-x) \qquad (a)$$

代入式（8-25）得

$$EIw'' = -F(l-x) \qquad (b)$$

将上式积分一次，得

图 8-27

$$EI\theta = -Flx + \frac{F}{2}x^2 + C \qquad (c)$$

将上式再积分一次，得

$$EIw = -\frac{F}{2}lx^2 + \frac{F}{6}x^3 + Cx + D \qquad (d)$$

根据边界条件：当 $x = 0$ 时，转角 $\theta = 0$，挠度 $w = 0$。代入式（c）和式（d），得

$$C = 0, \quad D = 0$$

将所求积分常数再代回式（c）和式（d），得到梁的转角方程和挠度方程为

$$EI\theta = \frac{F}{2}x^2 - Flx$$

$$EIw = \frac{F}{6}x^3 - \frac{F}{2}lx^2$$

将 B 截面的横坐标 $x = l$ 代入以上两式，得截面 B 的转角和挠度分别为

$$\theta_B = -\frac{Fl^2}{2EI}$$

$$w_B = -\frac{Fl^3}{3EI}$$

式中转角为负值，表示截面 B 的转角是顺时针的；挠度为负值，表示 B 截面形心向下移动。

例 8-9　等截面简支梁受集度为 q 的均布载荷作用如图 8-28 所示。已知梁的跨度为 l，抗弯刚度为 EI，求梁的最大转角和最大挠度。

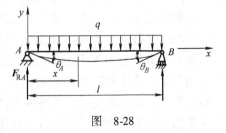

解　选取坐标系如图所示。由对称关系求得两端铰支座的约束力为 $F_{RA} = F_{RB} = \frac{ql}{2}$，梁的弯矩方程为 $M(x) = \frac{ql}{2}x - \frac{q}{2}x^2$。

图 8-28

代入梁挠曲线的近似微分方程得

$$EIw'' = \frac{ql}{2}x - \frac{q}{2}x^2 \tag{a}$$

积分一次，得

$$EIw' = \frac{ql}{4}x^2 - \frac{q}{6}x^3 + C \tag{b}$$

再积分一次，得

$$EIw = \frac{ql}{12}x^3 - \frac{q}{24}x^4 + Cx + D \tag{c}$$

将下列边界条件：

当 $x = 0$ 时，$w = 0$；当 $x = l$ 时，$w = 0$

分别代入式（c）中，得 $D = 0$，$C = -\dfrac{q\,l^3}{24}$。

于是梁的转角方程和挠度方程分别为

$$EIw' = \frac{ql}{4}x^2 - \frac{q}{6}x^3 - \frac{q\,l^3}{24} \tag{d}$$

$$EIw = \frac{ql}{12}x^3 - \frac{q}{24}x^4 - \frac{q\,l^3}{24}x \tag{e}$$

由于梁的外力及边界条件均对称于梁跨中点，所以梁的变形也是对称的。最大挠度在梁跨中点，将 $x = l/2$ 代入式（e），得

$$w_{\max} = -\frac{5q\,l^4}{384EI}$$

两支座处的转角相等，均为最大值。将 $x = 0$ 和 $x = l$ 分别代入式（d），得

$$\theta_{\max} = -\theta_A = \theta_B = \frac{q\,l^3}{24EI}$$

8.10　用叠加法求弯曲变形

从上节的例题可知，梁的挠度和转角与梁的载荷呈线性关系，而且讨论梁变形的前提是"小变形假设"。因此，当梁同时受几种载荷作用时，任一截面的挠度和转角分别等于各载荷单独作用下该截面的挠度和转角的代数和。这种计算梁的变形的方法称为叠加法。用叠加法求梁的变形时，应尽量运用单独载荷作用下梁的挠度和转角的已有结果，或直接查用梁的挠度和转角图表，将之叠加起来，就得到梁在几个载荷同时作用下的总变形。表 8-1 中列出了几种简单载荷单独作用下的变形，以便直接查用。

表 8-1 梁在简单载荷作用下的变形

序号	梁的简图	挠曲线方程	端截面转角	最大挠度
1		$w = -\dfrac{M_e x^2}{2EI}$	$\theta_B = -\dfrac{M_e l}{EI}$	$w_B = -\dfrac{M_e l^2}{2EI}$
2		$w = -\dfrac{Fx^2}{6EI}(3l-x)$	$\theta_B = -\dfrac{Fl^2}{2EI}$	$w_B = -\dfrac{Fl^3}{3EI}$
3		$w = -\dfrac{Fx^2}{6EI}(3a-x)\ (0 \le x \le a)$ $w = -\dfrac{Fa^2}{6EI}(3x-a)\ (a \le x \le l)$	$\theta_B = -\dfrac{Fa^2}{2EI}$	$w_B = -\dfrac{Fa^2}{6EI}(3l-a)$
4		$w = -\dfrac{qx^2}{24EI}(x^2 - 4lx + 6l^2)$	$\theta_B = -\dfrac{ql^3}{6EI}$	$w_B = -\dfrac{ql^4}{8EI}$
5		$w = -\dfrac{M_e x}{6EIl}(l-x)(2l-x)$	$\theta_A = -\dfrac{M_e l}{3EI}$ $\theta_B = \dfrac{M_e l}{6EI}$	$x = \left(1 - \dfrac{1}{\sqrt{3}}\right)l,$ $w_{max} = -\dfrac{M_e l^2}{9\sqrt{3}EI}$ $x = \dfrac{l}{2},\ w_{\frac{l}{2}} = -\dfrac{M_e l^2}{16EI}$

（续）

序号	梁的简图	挠曲线方程	端截面转角	最大挠度
6		$w = -\dfrac{M_e x}{6EIl}(l^2 - x^2)$	$\theta_A = \dfrac{M_e l}{6EI}$ $\theta_B = -\dfrac{M_e l}{3EI}$	$x = \dfrac{l}{\sqrt{3}}$, $w_{max} = -\dfrac{M_e l^2}{9\sqrt{3}EI}$ $x = \dfrac{l}{2}$, $w_{\frac{l}{2}} = -\dfrac{M_e l^2}{16EI}$
7		$w = \dfrac{M_e x}{6EIl}(l^2 - 3b^2 - x^2)$ $(0 \le x \le a)$ $w = \dfrac{M_e}{6EIl}\left[-x^3 + 3l(x-a)^2 + (l^2 - 3b^2)x\right]$ $(a \le x \le l)$	$\theta_A = \dfrac{M_e}{6EIl}(l^2 - 3b^2)$ $\theta_B = \dfrac{M_e}{6EIl}(l^2 - 3a^2)$	
8		$w = -\dfrac{Fx}{48EI}(3l^2 - 4x^2)$ $\left(0 \le x \le \dfrac{l}{2}\right)$	$\theta_A = -\theta_B = -\dfrac{Fl^2}{16EI}$	$w_{max} = -\dfrac{Fl^3}{48EI}$
9		$w = -\dfrac{Fbx}{6EIl}(l^2 - x^2 - b^2)$ $(0 \le x \le a)$ $w = -\dfrac{Fb}{6EIl}\left[\dfrac{l}{b}(x-a)^3 + (l^2 - b^2)x - x^3\right]$ $(a \le x \le l)$	$\theta_A = -\dfrac{Fab(l+b)}{6EIl}$ $\theta_B = \dfrac{Fab(l+a)}{6EIl}$	设 $a>b$, 在 $x = \sqrt{\dfrac{l^2-b^2}{3}}$ 处, $w_{max} = -\dfrac{Fb\,(l^2-b^2)^{3/2}}{9\sqrt{3}EIl}$ 在 $x = \dfrac{l}{2}$ 处, $w_{\frac{l}{2}} = -\dfrac{Fb\,(3l^2-4b^2)}{48EI}$
10		$w = -\dfrac{qx}{24EI}(l^3 - 2lx^2 + x^3)$	$\theta_A = -\theta_B = -\dfrac{ql^3}{24EI}$	$w_{max} = -\dfrac{5ql^4}{384EI}$

例 8-10 跨长为 l 的行车大梁如图 8-29 所示，起重时在梁跨中点 C 所受的载荷为 F，梁的自重可看做集度为 q 的均布载荷。梁的抗弯刚度为 EI，求梁的跨中挠度。

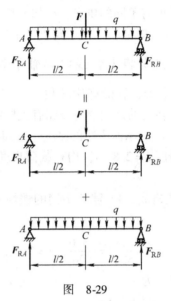

图 8-29

解 在集中力 F 和均布载荷 q 的单独作用下，梁的跨中挠度分别为

$$w_{CF} = -\frac{F l^3}{48EI}$$

和

$$w_{Cq} = -\frac{5q l^4}{384EI}$$

将 w_{CF} 和 w_{Cq} 叠加起来，就得到梁跨中点在上述两种载荷同时作用下的总挠度为

$$w = w_{CF} + w_{Cq}$$

$$= -\frac{F l^3}{48EI} - \frac{5q l^4}{384EI}$$

8.11 梁的刚度条件

在按照强度条件选择了构件的截面后，对于有刚度要求的构件，还需要进行刚度校核。也就是校核构件的变形（挠度和转角）是否在设计所容许的范围内。对于杆件弯曲问题，限制其最大挠度、最大转角不超过许用值，以保证杆件的正常工作，这就是梁弯曲的刚度条件。用式子可以表示为

$$|w|_{max} \leqslant [w] \tag{8-28}$$

$$|\theta|_{max} \leqslant [\theta] \tag{8-29}$$

式中，$[w]$ 和 $[\theta]$ 分别为挠度和转角的许用值。

根据梁的工作性质，可有不同的要求。例如，长度为 l 的一般机械的轴，许用挠度为 $[w] = (0.0003 \sim 0.0005)l$；对于跨度为 l 的桥式起重机的梁，许用挠度 $[w] = \left(\dfrac{1}{750} \sim \dfrac{1}{500} \right)l$；在安装齿轮或滑动轴承处，轴的许用转角 $[\theta] = 0.001\text{rad}$；在安装滚动轴承处，轴的许用转角 $[\theta] = 0.0016 \sim 0.005\text{rad}$。一般机械的各种零部件的挠度和转角的许用值可查阅有关机械设计手册。

例 8-11 试校核例 8-9 所示简支梁的刚度。已知梁为 18 号工字钢，材料的弹性模量 $E = 206\text{GPa}$，跨度 $l = 2.83\text{m}$，均布载荷集度 $q = 23\text{kN/m}$，梁的许可挠度为跨度的 1/500。

解 查附录 B 型钢规格表，18 号工字钢的惯性矩为 $I_z = 1660 \text{ cm}^4 = 16.6 \times 10^{-6}\text{m}^4$。梁的许可挠度为

$$[w] = \frac{1}{500}l = \frac{2830}{500}\text{mm} = 5.66\text{mm}$$

而最大挠度在梁跨度中点，为

$$|w| = \frac{5q\,l^4}{384EI} = \frac{5 \times 23 \times 10^3 \times 2.83^4}{384 \times 206 \times 10^9 \times 16.6 \times 10^{-6}}\text{m} = 5.62 \times 10^{-3}\text{m} = 5.62\text{mm} < 5.66\text{mm}$$

这说明梁的刚度是足够的。

思 考 题

8-1 平面弯曲的受力特点和变形特点是什么？举出几个产生平面弯曲的工程实例。

8-2 剪力和弯矩的正负号是如何规定的？

8-3 请解释在集中力作用处，剪力图有突变以及在集中力偶作用处，弯矩图有突变。

8-4 梁中弯矩最大的截面上剪力一定等于零吗？为什么？

8-5 什么是纯弯曲？什么是横力弯曲？举例说明。

8-6 什么叫中性层？什么叫中性轴？如何确定产生平面弯曲的直梁的中性轴位置？

8-7 纯弯曲时，梁的正应力计算公式使用条件是什么？这个公式在什么情况下可推广应用于横力弯曲？

8-8 用公式 $\sigma = \dfrac{My}{I_z}$ 计算横截面上任一点的正应力时，σ 的正负号如何确定？

8-9 跨度、荷载、截面、类型完全相同的两根梁，它们的材料不同，那么这两根梁的弯矩图、剪力图是否相同？它们的最大正应力、最大切应力是否相同？它们的强度是否相同？通过思考以上问题你能得出什么结论？

8-10 提高梁弯曲强度的措施有哪些？简述工程中常将矩形截面"立放"而不"平放"的原因。

8-11 矩形截面梁的切应力沿截面高度是如何分布的？其最大切应力发生在何处？

8-12 梁的挠曲线近似微分方程的应用条件是什么？

8-13 三根简支梁都是梁中点受集中力 P 作用时。若三根梁的跨度之比为 1：2：3，其余条件均相同，这三根梁最大挠度之间的比例关系是多少？

8-14 应用叠加法求梁弯曲变形的条件是什么？

8-15 材料相同的两悬臂梁，所受荷载及截面尺寸分别如思考题 8-15 图 a、b 所示。它们的最大挠度有何关系？

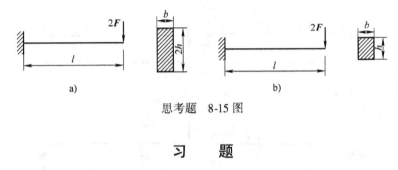

思考题 8-15 图

习 题

8-1 试计算习题 8-1 图所示各梁端截面 A，B 及横截面 C，D 的剪力和弯矩。

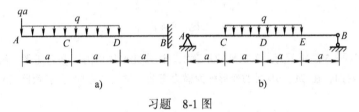

习题 8-1 图

8-2 试计算习题 8-2 图所示各梁横截面 $C_左$，$C_右$，$D_左$，$D_右$ 及端截面 A，B 的剪力和弯矩。

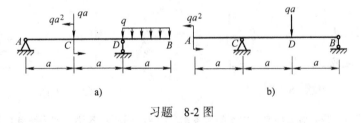

习题 8-2 图

8-3 试列出习题 8-3 图所示各梁的剪力方程与弯矩方程，并作剪力图和弯矩图。

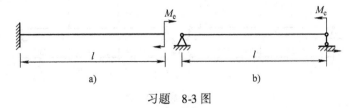

习题 8-3 图

8-4 试列出习题 8-4 图所示各梁的剪力方程与弯矩方程，并作剪力图和弯矩图。

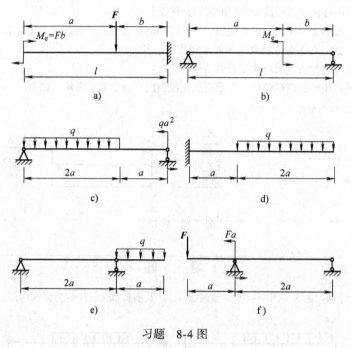

习题 8-4 图

8-5 习题 8-5 图所示为火车轮轴的示意图。试作此梁的剪力图和弯矩图。梁在 *AB* 段的变形称为纯弯曲，在 *CA*、*BD* 段的变形称为横力弯曲。试问纯弯曲有何特征？横力弯曲有何特征？

8-6 习题 8-6 图所示为一简易吊车梁的计算简图，荷载 *F* 可沿梁轴移动。试确定荷载的最不利位置，并计算梁中的最大剪力和最大弯矩。

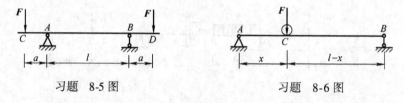

习题 8-5 图　　　　　　　习题 8-6 图

8-7 试用荷载、剪力和弯矩之间的关系作习题 8-7 图所示各梁的剪力图和弯矩图，并比较它们的结果。

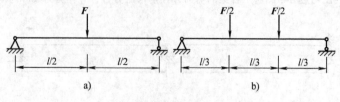

习题 8-7 图

8-8 试用荷载、剪力和弯矩之间的关系作习题 8-8 图所示各梁的剪力图和弯矩图，并比较它们的结果。

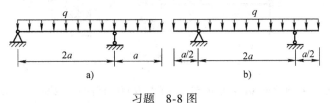

习题 8-8 图

8-9 试用荷载、剪力和弯矩之间的关系作习题 8-9 图所示各梁的剪力图和弯矩图。

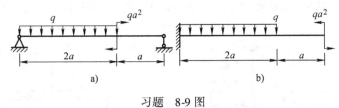

习题 8-9 图

8-10 矩形截面悬臂梁受集中力和集中力偶作用，如习题 8-10 图所示。试求 I-I 截面和固定端及 II-II 截面上 A，B，C 和 D 四点处的正应力。梁的自重不计。

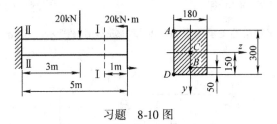

习题 8-10 图

8-11 铸铁制梁的尺寸及所受载荷如习题 8-11 图所示。试求最大拉应力和最大压应力。 ($I_{zc} = 2.98 \times 10^{-5} \text{m}^4$)

8-12 习题 8-12 图所示为一受均布载荷的外伸钢梁，截面为工字形。已知 $q = 12 \text{kN/m}$，材料的许用应力 $[\sigma] = 160 \text{MPa}$。试选择此梁的工字钢型号。

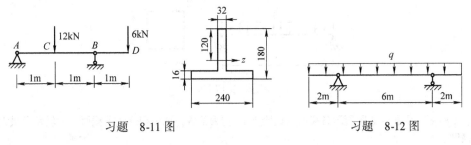

习题 8-11 图   习题 8-12 图

8-13 矩形截面悬臂梁如习题 8-13 图所示。已知 $l = 4\text{m}$，$b/h = 2/3$，$q = 10 \text{kN/m}$，$[\sigma] = 10 \text{MPa}$。试确定此梁横截面的尺寸。

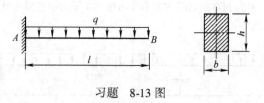

习题　8-13 图

8-14　习题 8-14 图所示 *AB* 梁为 10 号工字钢，*D* 点由钢杆 *CD* 支承，已知圆杆的直径 $d = 20\text{mm}$，梁及圆杆材料的许用应力相同，$[\sigma] = 160\text{MPa}$，试求许用均布载荷 $[q]$。

8-15　当力 *F* 直接作用在跨长 $l = 6\text{m}$ 的梁 *AB* 的中点时，梁内的最大正应力 σ 超过了容许值 30%，为消除这种过载现象，配置了如习题 8-15 图所示的辅助梁 *CD*，试求此辅助梁应有的跨长 *a*。

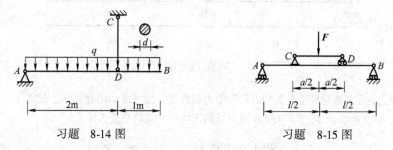

习题　8-14 图　　　　　　　　　　习题　8-15 图

8-16　20a 号工字钢梁的支承和受力情况如习题 8-16 图所示。若 $[\sigma] = 160\text{MPa}$，试求许可载荷 $[F]$。

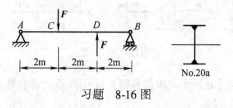

习题　8-16 图

8-17　正方形截面简支梁，受有均布载荷作用如习题 8-17 图所示，若 $[\sigma] = 6[\tau]$，证明当梁内最大正应力和最大切应力同时达到许用应力时，$l/a = 6$。

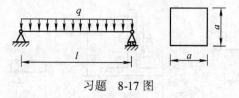

习题　8-17 图

8-18　习题 8-18 图所示各梁的弯曲刚度 *EI* 均为常数，试用积分法求截面 *A* 的转角及最大挠度。

8-19　习题 8-19 图所示各梁的抗弯刚度 *EI* 均为常数。试用叠加法计算梁的最大转角和最大挠度。

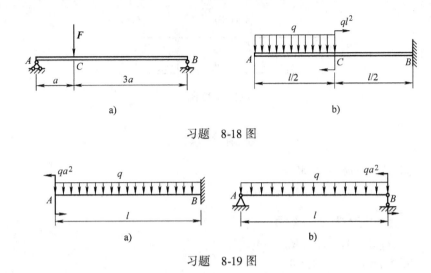

习题 8-18 图

习题 8-19 图

8-20 习题 8-20 图所示各梁的抗弯刚度 EI 均为常数。试用叠加法计算自由端截面的转角和挠度。

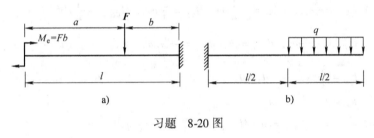

习题 8-20 图

8-21 习题 8-21 图所示矩形截面梁，若均布荷载集度 $q = 10\text{kN/m}$，梁长 $l = 3\text{m}$，弹性模量 $E = 200\text{GPa}$，许用应力 $[\sigma] = 120\text{MPa}$，许用单位长度上的最大挠度值 $[w_{max}/l] = 1/250$，且已知截面高度 h 与宽度 b 之比为 2，求截面尺寸。

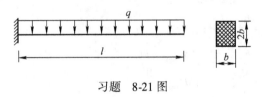

习题 8-21 图

8-22 习题 8-22 图所示为某车床主轴的计算简图。已知主轴外径 $D = 80\text{mm}$，内径 $d = 40\text{mm}$，$l = 400\text{mm}$，$a = 200\text{mm}$；弹性模量 $E = 200\text{GPa}$，通过工件车刀切削传递给主轴的力为 $F_1 = 2\text{kN}$，齿轮啮合传递给主轴的力为 $F_2 = 1\text{kN}$。为保证车床主轴的正常工作，要求主轴在卡盘 C 处的许用挠度 $[w] = 0.0001l$，轴承 B 处的许用转角 $[\theta] = 0.001\text{rad}$。试校核主轴的刚度。

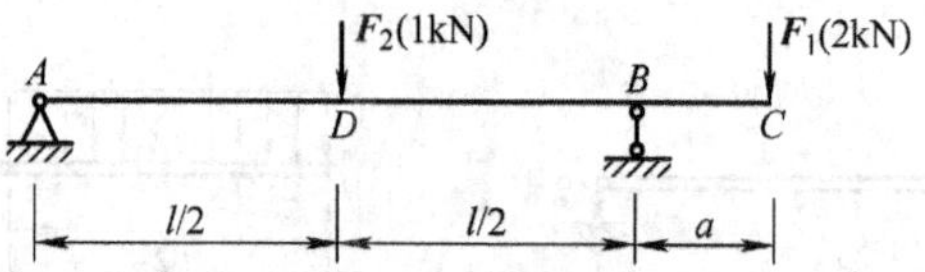

习题 8-22 图

习 题 答 案

8-1 a) $F_{SA} = -qa$, $M_A = 0$

$F_{SB} = -3qa$, $M_B = -7qa^2$

$F_{SC} = -2qa$, $M_C = -\dfrac{3}{2}qa^2$

$F_{SD} = -3qa$, $M_D = -4qa^2$

b) $F_{SA} = qa$, $M_A = 0$

$F_{SB} = -qa$, $M_B = 0$

$F_{SC} = qa$, $M_C = qa^2$

8-2 a) $F_{SC左} = \dfrac{3}{4}qa$, $F_{SC右} = -\dfrac{1}{4}qa$, $M_{C左} = \dfrac{3}{4}qa^2$, $M_{C右} = -\dfrac{1}{4}qa^2$

$F_{SD左} = -\dfrac{1}{4}qa$, $F_{SD右} = qa$, $M_{D左} = -\dfrac{1}{2}qa^2$, $M_{D右} = -\dfrac{1}{2}qa^2$

$F_{SA} = \dfrac{3}{4}qa$, $M_A = 0$

$F_{SB} = 0$, $M_B = 0$

b) $F_{SC左} = 0$, $F_{SC右} = qa$, $M_{C左} = -qa^2$, $M_{C右} = -qa^2$

$F_{SD左} = qa$, $F_{SD右} = 0$, $M_{D左} = 0$, $M_{D右} = 0$

$F_{SA} = 0$, $M_A = -qa^2$

$F_{SB} = 0$, $M_B = 0$

8-3 a) $F_S = 0$, $M = -M_e$

b) $|F_S|_{max} = \dfrac{M_e}{l}$, $|M|_{max} = M_e$

8-4 a) $|F_S|_{max} = F$, $|M|_{max} = Fb$

b) $|F_S|_{max} = \dfrac{M_e}{l}$, $|M|_{max} = \dfrac{M_e}{l}a$

c) $|F_S|_{max} = \dfrac{5}{3}qa$, $|M|_{max} = \dfrac{25}{18}qa^2$

d) $|F_S|_{max} = 2qa$, $|M|_{max} = 4qa^2$

e) $|F_S|_{max} = qa$, $|M|_{max} = \dfrac{1}{2}qa^2$

f) $|F_S|_{max} = F$, $|M|_{max} = 2Fa$

8-5 $|F_S|_{max} = F$, $|M|_{max} = Fa$

8-6 $\quad x = \dfrac{l}{2},\qquad |F_S|_{max} = \dfrac{1}{2}F,\qquad |M|_{max} = \dfrac{1}{4}Fl$

8-7 a) $\quad |F_S|_{max} = \dfrac{1}{2}F,\qquad |M|_{max} = \dfrac{1}{4}Fl$

$\quad$ b) $\quad |F_S|_{max} = \dfrac{1}{2}F,\qquad |M|_{max} = \dfrac{1}{6}Fl$

8-8 a) $\quad |F_S|_{max} = \dfrac{5}{4}qa,\qquad |M|_{max} = \dfrac{1}{2}qa^2$

$\quad$ b) $\quad |F_S|_{max} = qa,\qquad |M|_{max} = \dfrac{1}{4}qa^2$

8-9 a) $\quad |F_S|_{max} = qa,\qquad |M|_{max} = qa^2$

$\quad$ b) $\quad |F_S|_{max} = 2qa,\qquad |M|_{max} = qa^2$

8-10 $\quad$ Ⅰ-Ⅰ: $\sigma_A = -7.4\text{MPa},\qquad \sigma_B = 4.9\text{MPa},\qquad \sigma_C = 0,\qquad \sigma_D = 7.4\text{MPa}$

$\qquad$ Ⅱ-Ⅱ: $\sigma_A = 14.8\text{MPa},\qquad \sigma_B = -9.8\text{MPa},\qquad \sigma_C = 0,\qquad \sigma_D = -14.8\text{MPa}$

8-11 $\quad \sigma_t^{max} = 24.16\text{MPa},\qquad \sigma_c^{max} = 12.08\text{MPa}$

8-12 $\quad$ 20a 号工字钢

8-13 $\quad b \geqslant 277\text{mm},\qquad h \geqslant 416\text{mm}$

8-14 $\quad [q] = 15.7\text{kN/m}$

8-15 $\quad a = 1.38\text{m}$

8-16 $\quad [F] = 56.8\text{kN}$

8-17 $\quad$ (略)

8-18 a) $\quad w_A = -\dfrac{41ql^4}{384EI},\qquad \theta_C = \dfrac{7ql^3}{48EI}$

$\quad$ b) $\quad w_A = -\dfrac{5qa^4}{48EI},\qquad \theta_C = -\dfrac{3qa^3}{16EI} - \dfrac{M_e a}{12EI}$

8-19 a) $\quad |\theta|_{max} = \dfrac{1}{EI}\left(qa^2 l + \dfrac{1}{6}ql^3\right),\qquad |w|_{max} = \dfrac{1}{EI}\left(\dfrac{1}{2}qa^2 l^2 + \dfrac{1}{8}ql^4\right)$

$\quad$ b) $\quad |\theta|_{max} = \dfrac{qa^2 l}{3EI} + \dfrac{ql^3}{24EI},\qquad |w|_{max} = \dfrac{qa^2 l^2}{9\sqrt{3}EI} + \dfrac{5ql^4}{384EI}$

8-20 a) $\quad \theta = \dfrac{Fb}{2EI}(b - 2l),\qquad w = \dfrac{Fb}{2EI}(l^2 - ab) - \dfrac{Fb^3}{3EI}$

$\quad$ b) $\quad \theta = -\dfrac{7ql^3}{48EI},\qquad w = -\dfrac{41ql^4}{384EI}$

8-21 $\quad b \geqslant 89.2\text{mm},\qquad h \geqslant 178.4\text{mm}$

8-22 $\quad$ (略)

第9章 应力状态和强度理论

9.1 应力状态的概念

在前面各章中，建立了杆件的轴向拉伸与压缩、圆轴的扭转和梁的弯曲强度条件。拉（压）、弯曲时，强度条件为 $\sigma_{max} \leqslant [\sigma]$；扭转时，强度条件为 $\tau_{max} \leqslant [\tau]$。这些强度条件都是把横截面上的最大应力作为强度计算的标准，认为只要横截面上的最大应力达到危险值，材料就会破坏。但是在工程实际中，许多构件的受力并不那么简单，构件的变形和破坏形式也要复杂得多，因此一般来说，构件危险点处既有正应力又有切应力，那么对于这种复杂的情况，怎么判断其强度是否满足要求呢？这就是本章要讨论的主要问题。

一般来说，在受力物体内，同一截面上各点的应力不一定相同，而且通过物体内任一点的不同方位的截面上的应力，一般也不相同。通过物体内某一点的各截面上的应力情况，称为该点处的应力状态（stress state at a point）。为了研究一点处的应力状态，可以用围绕该点取出的一个边长为无限小的正六面体作为研究对象，该六面体称为单元体。如图 9-1a、b、c 所示。由于单元体各边的长度都无限小，因而可以认为在它的每个面上应力都是均匀的；且在单元体内相互平行面上的应力大小相等、方向相反。所以，这样的单元体的应力状态总可以代表一点的应力状态。如果单元体各个面上的应力均为已知时，则过该点的任意斜截面上的应力都可由此计算出来，该点的应力状态就完全确定。这样截取的单元体称为原始单元体或已知单元体。

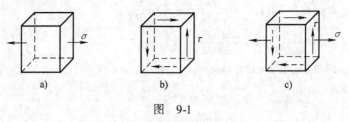

图 9-1

杆拉伸时如图 9-2a 所示，A 点处以相邻两个横截面和自由面作为单元体的三个截面，截取可得已知单元体的应力状态如图 9-2b 所示。

采用同样的方法可以得到如图 9-3a 所示圆轴扭转时，E 点的应力状态，如图 9-3b 所示。

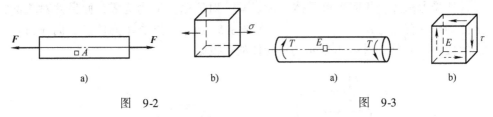

图 9-2   图 9-3

也可以得到如图 9-4a 所示梁弯曲时，B、C、D 三点的应力状态如图 9-4b、c、d 所示。

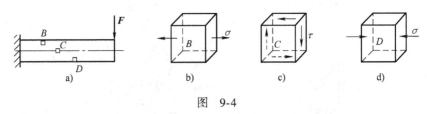

图 9-4

如图 9-1a 所示，单元体的三个相互垂直的面上都无切应力，只有正应力，这样的单元体称为该点处的主单元体，切应力等于零的面称为主平面（principal plane），主平面上的应力称为主应力（principal stress）。一般来说，通过受力构件的任意点皆可找到三个相互垂直的主平面，因而每一点都有三个主应力。在一般情况下，在一点处所取的主单元体的六个面上有三对主应力，两两等值反向，也就是过一点可以找出三个主应力，这三个主应力以其代数值大小顺序排列，记为 σ_1、σ_2、σ_3，即：$\sigma_1 \geqslant \sigma_2 \geqslant \sigma_3$。

如果某点处的主单元体上只有一个主应力不为零，则该点处的应力状态称为一向应力状态或单向应力状态（one dimensional state of stress）；如果有两个主应力不为零，则称为二向应力状态或平面应力状态（plane state of stresses）；如果三个主应力皆不为零，则称为三向应力状态或空间应力状态（space state of stresses）。单向应力状态也称为简单应力状态，二向和三向应力状态也统称为复杂应力状态。单向应力状态已于轴向拉伸与压缩中详细讨论过，本章主要分析二向应力状态，同时简单介绍三向应力状态。

9.2 平面应力状态分析

在工程上，一般构件的受力都比较复杂，因此，在构件的某一点处所取得的已知单元体通常不是主单元体。下面讨论在二向应力状态下，已知通过一点的某些截面上的应力后，如何确定通过这一点的其他截面上的应力，从而确定主应力和主平面。

从受力构件上截取一单元体 $abcd$。其一对侧面上应力为零,而另两对侧面上分别作用有应力 σ_x,σ_y,τ_x,τ_y,如图 9-5a 所示,这类单元体是二向应力状态的最一般情况。图 9-5b 所示为单元体的正投影。

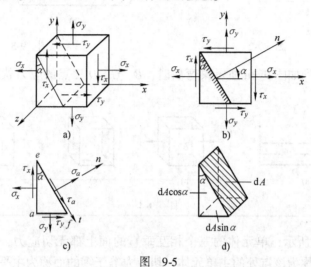

图 9-5

这里 σ_x 和 τ_x 是法线与 x 轴平行的面上的正应力和切应力;σ_y 和 τ_y 是法线与 y 轴平行的面上的应力。切应力 τ_x(或 τ_y)的下角标 x(或 y)表示切应力作用平面的法线的方向;应力的正负号规定为:正应力以拉应力为正,而压应力为负;切应力对单元体内任意点的矩为顺时针转向时为正,反之为负。按照以上规定,在图 9-5a 中,σ_x,σ_y 和 τ_x 皆为正,而 τ_y 为负。

假想取任一与 xy 平面垂直的斜截面 ef,如图 9-5b 所示,其外法线 n 与 x 轴的夹角为 α。规定:由 x 轴逆时针转向外法线 n 时,α 为正,反之为负。以截面 ef 把单元体截开,取左半部分 aef 为研究对象,如图 9-5c 所示。斜截面上的正应力为 σ_α,切应力为 τ_α。设 ef 面的面积为 dA,则 af 面和 ae 面的面积分别是 $dA\sin\alpha$ 和 $dA\cos\alpha$ 把作用于 aef 部分上的力投影于 ef 面的外法线 n 和切线 t 的方向,列静力平衡方程,得

$$\sigma_\alpha dA + (\tau_x dA\cos\alpha)\cdot\sin\alpha - (\sigma_x dA\cos\alpha)\cdot\cos\alpha + (\tau_y dA\sin\alpha)\cos\alpha - (\sigma_y dA\sin\alpha)\sin\alpha = 0$$
$$\tau_\alpha dA - (\tau_x dA\cos\alpha)\cos\alpha - (\sigma_x dA\cos\alpha)\sin\alpha + (\sigma_y dA\sin\alpha)\cos\alpha + (\tau_y dA\sin\alpha)\sin\alpha = 0$$

由切应力互等定理有 $\tau_x = \tau_y$,代入以上平衡方程,整理可得

$$\sigma_\alpha = \sigma_x \cos^2\alpha + \sigma_y \sin^2\alpha - 2\tau_x \sin\alpha\cos\alpha = \frac{\sigma_x + \sigma_y}{2} + \frac{\sigma_x - \sigma_y}{2}\cos2\alpha - \tau_x \sin2\alpha \qquad (9\text{-}1)$$

$$\tau_\alpha = (\sigma_x - \sigma_y)\sin\alpha\cos\alpha + \tau_x(\cos^2\alpha - \sin^2\alpha) = \frac{\sigma_x - \sigma_y}{2}\sin2\alpha + \tau_x \cos2\alpha \qquad (9\text{-}2)$$

可见,斜截面上的正应力 σ_α 和切应力 τ_α 是角 α 的函数。这样,在二向应

力状态下，只要知道一对互相垂直面上的应力 σ_x，σ_y 和 τ_x，就可以依式(9-1)、式 (9-2) 求出 α 为任意值时的斜截面上的应力 σ_α 和 τ_α。

下面来推导主应力和确定主平面的角度 α_0 的公式。

将式 (9-1) 对 α 取导数得

$$\frac{\mathrm{d}\sigma_\alpha}{\mathrm{d}t} = -2\left(\frac{\sigma_x - \sigma_y}{2}\sin2\alpha + \tau_x\cos2\alpha\right) \tag{a}$$

令此导数等于 0，可求得 σ_α 达到极值时的 α 值，用 α_0 来表示，有

$$\frac{\sigma_x - \sigma_y}{2}\sin2\alpha_0 + \tau_x\cos2\alpha_0 = 0 \tag{b}$$

化简后得

$$\tan2\alpha_0 = -\frac{2\tau_x}{\sigma_x - \sigma_y} \tag{9-3}$$

由式 (9-3) 可求出 α_0 的相差 90°的两个根，它们确定相互垂直的两个平面，其中一个是最大正应力所在的平面，另一个是最小正应力所在的平面。

由三角关系

$$\cos2\alpha_0 = \pm\frac{1}{\sqrt{1 + \tan^2 2\alpha_0}} \tag{c}$$

$$\sin2\alpha_0 = \pm\frac{\tan2\alpha_0}{\sqrt{1 + \tan^2 2\alpha_0}} \tag{d}$$

将式 (9-3) 代入式 (c)、式 (d)，再代入式 (9-1)，整理后可求得 σ_{max} 和 σ_{min} 的计算表达式

$$\left.\begin{array}{c}\sigma_{max}\\\sigma_{min}\end{array}\right\} = \frac{\sigma_x + \sigma_y}{2} \pm \sqrt{\left(\frac{\sigma_x - \sigma_y}{2}\right)^2 + \tau_x^2} \tag{9-4}$$

由式 (9-4) 所求得的两个相差 90°的值中哪一个是 σ_{max} 作用面的方位角，哪一个是 σ_{min} 作用面的方位角？一般约定用 σ_x 表示两个正应力中代数值较大的一个，即 $\sigma_x \geqslant \sigma_y$，则两个角度中绝对值较小的一个确定 σ_{max} 所在的平面。比较式 (9-2) 和式 (b)，可见满足式 (b) 的 α_0 角恰好使 τ_α 等于 0，这表明，正应力取得极值的截面上，切应力必为 0，即正应力的极值就是单元体的主应力。

用相似的方法可以确定最大和最小切应力以及它们所在的平面。将式 (9-2) 对 α 取导数，得

$$\frac{\mathrm{d}\tau_\alpha}{\mathrm{d}\alpha} = (\sigma_x - \sigma_y)\cos2\alpha - 2\tau_x\sin2\alpha \tag{e}$$

令此导数等于 0，可求得 τ_α 取得极值时的 α 值，用 α_1 来表示，有

$$\tan2\alpha_1 = \frac{\sigma_x - \sigma_y}{2\tau_x} \tag{9-5}$$

由此式也可求出相差 90°的两个 α_1，其中一个对应的作用面是切应力极大值所在的平面，另一个对应的作用面是切应力极小值所在的平面，两个切应力分别以

$\tau_{\max}$, $\tau_{\min}$ 来表示，称为最大切应力和最小切应力。

由式（9-5）解出 $\sin 2\alpha_1$ 和 $\cos 2\alpha_1$，代入式（9-2），求得切应力的最大值和最小值为

$$\left.\begin{array}{c}\tau_{\max}\\\tau_{\min}\end{array}\right\} = \pm\sqrt{\left(\frac{\sigma_x - \sigma_y}{2}\right)^2 + \tau_x^2} \tag{9-6}$$

比较式（9-3）和式（9-5），有

$$\tan 2\alpha_0 \cdot \tan 2\alpha_1 = -1$$

所以有

$$2\alpha_1 = 2\alpha_0 + \frac{\pi}{2}$$

解得

$$\alpha_1 = \alpha_0 + \frac{\pi}{4}$$

即最大和最小切应力所在平面与主平面的夹角为45°。

例 9-1　讨论圆周扭转时的应力状态，并分析铸铁试件受扭时的破坏现象。

解　圆轴扭转时，在横截面的边缘处切应力最大，其值为

$$\tau = \frac{T}{W_t} \tag{1}$$

在圆轴的表层，按图 9-6a 所示方式取出单元体 ABCD，单元体各面上的应力如图 9-6b 所示，即

$$\sigma_x = \sigma_y = 0, \qquad \tau_x = \tau \tag{2}$$

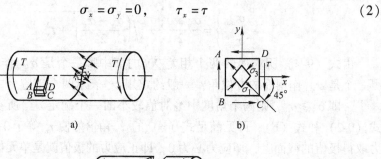

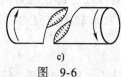

图　9-6

这就是前面所讨论的纯剪切应力状态。把式（1）代入式（9-4），得

$$\left.\begin{array}{c}\sigma_{\max}\\\sigma_{\min}\end{array}\right\} = \frac{\sigma_x + \sigma_y}{2} \pm \sqrt{\left(\frac{\sigma_x - \sigma_y}{2}\right)^2 + \tau_x^2} = \pm\tau$$

由式（9-3）得 $\tan 2\alpha_0 = -\dfrac{2\tau_x}{\sigma_x - \sigma_y} = -\infty$

所以　　$2\alpha_0 = -90°$ 或 $-270°$,　　　　　　　$\alpha_0 = -45°$ 或 $-135°$

以上结果表明，从 x 轴量起，由 $\alpha_0 = -45°$（顺时针方向）所确定的主平面上的主应力为 σ_{max}，而由 $\alpha_0 = -135°$ 所确定的主平面上的主应力为 σ_{min}。按照主应力的记号规定，有

$$\sigma_1 = \sigma_{max} = \tau, \qquad \sigma_2 = 0, \qquad \sigma_3 = \sigma_{min} = -\tau$$

所以，纯剪切的两个主应力的绝对值相等，都等于切应力 τ，但一为拉应力，一为压应力。

圆截面铸铁试件扭转时，表面各点 σ_{max} 所在的主平面连成倾角为 45° 的螺旋面，如图 9-6a 所示。由于铸铁抗拉强度较低，试件将沿这一螺旋面因拉伸而发生断裂破坏，如图 9-6c 所示。

例 9-2　求图 9-7 所示单元体的主应力值及主方向，并确定最大切应力值。（单位为 MPa）。

解　按应力符号规则选取，有

$$\sigma_x = 80\,\text{MPa}$$
$$\sigma_y = -40\,\text{MPa}$$
$$\tau_x = -60\,\text{MPa}$$

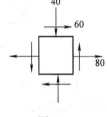

图　9-7

代入公式求主应力及其方位，得

$$\left.\begin{array}{c}\sigma_{max}\\ \sigma_{min}\end{array}\right\} = \frac{\sigma_x + \sigma_y}{2} \pm \sqrt{\left(\frac{\sigma_x - \sigma_y}{2}\right)^2 + \tau_x^2} = \begin{array}{c}105\\ -65\end{array}\text{MPa}$$

即

$$\sigma_1 = 105\,\text{MPa}, \qquad \sigma_2 = 0, \qquad \sigma_3 = -65\,\text{MPa}$$

$$\tan 2\alpha_0 = -\frac{2\tau_x}{\sigma_x - \sigma_y} = 1$$

故

$$\alpha_{01} = 22.5°, \qquad \alpha_{02} = 112.5°$$

即由 $\alpha_{01} = 22.5°$ 确定的主平面上，作用着主应力 $\sigma_{max} = 105\,\text{MPa}$；由 $\alpha_{02} = 112.5°$ 确定的主平面上，作用着主应力 $\sigma_{min} = -65\,\text{MPa}$。

求最大切应力，得

$$\left.\begin{array}{c}\tau_{max}\\ \tau_{min}\end{array}\right\} = \pm\sqrt{\left(\frac{\sigma_x - \sigma_y}{2}\right)^2 + \tau_x^2} = \pm 85\,\text{MPa}$$

9.3　三向应力状态分析

对于受力构件内任意一点处的应力状态，最普遍的情况是单元体的三对面上既有正应力又有切应力，即三向应力状态。三向应力状态的分析比较复杂，

这里只讨论当三个主应力 σ_1，σ_2，σ_3 已知时单元体各截面的应力。

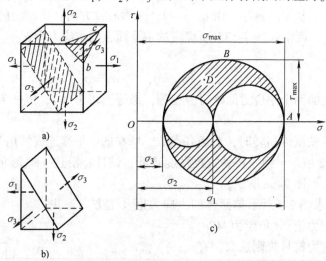

图 9-8

如图 9-8a 所示单元体，主应力 σ_1，σ_2，σ_3 均为已知。首先，分析与 σ_3 平行的任意斜截面上的应力。如图 9-8b 所示，不难看出该截面的应力 σ，τ 与 σ_3 无关，只与 σ_1，σ_2 有关。所以该斜截面上的应力可以由 σ_1 和 σ_2 作出的应力圆上的点来表示，而该应力圆上的最大和最小正应力分别为 σ_1 和 σ_2，如图 9-8c 所示。同理，与主应力 σ_2 或 σ_1 平行的各截面的应力，则可分别由 σ_1，σ_3 与 σ_2，σ_3 所作出的应力圆确定，如图 9-8c 所示。还可以证明，对于与三个主应力均不平行的任意斜截面，如图 9-8a 中的 abc 截面，它们在 $\sigma\text{-}\tau$ 平面的对应点 D（σ_α，τ_α）必位于由上述三个应力圆所围成的阴影范围以内。

综上所述，在 $\sigma\text{-}\tau$ 平面内，代表任一截面的应力的点，或位于应力圆上或位于由上述三个应力圆所围成的阴影区域内。由此可见，在三向应力状态下，最大与最小正应力分别为最大与最小主应力，即

$$\sigma_{\max} = \sigma_1 \tag{9-7}$$

$$\sigma_{\min} = \sigma_3 \tag{9-8}$$

而最大切应力为

$$\tau_{\max} = \frac{\sigma_1 - \sigma_3}{2} \tag{9-9}$$

并位于与 σ_1，σ_3 均成 45°的截面内。

上述结论同样适用于单向（其中两个主应力等于 0）或二向应力状态（其中一个主应力等于 0）。

9.4　广义胡克定律

前面章节学习了单向拉压和扭转时的应力应变在线弹性范围内成正比，本

节讨论复杂应力状态下的应力应变关系。

设从受力物体内一点取出一主单元体，其上的主应力分别为 σ_1，σ_2 和 σ_3，如图 9-9a 所示，沿三个主应力方向的三个线应变称为主应变（principal strain），分别用 ε_1，ε_2 和 ε_3 表示。

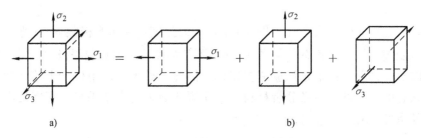

a)　　　　　　　　　　　　　b)

图　9-9

对于各向同性材料，在最大正应力不超过材料的比例极限的条件下，可以应用胡克定律及叠加法来求主应变。为此，将图 9-9a 所示的三向应力状态看做是三个单向应力状态的组合（见图 9-9b），先讨论沿主应力 σ_1 的主应变 ε_1。对于 σ_1 单独作用，利用单向应力状态胡克定律可求得 σ_1 方向与 σ_1 相应的纵向线应变为 σ_1/E；对于 σ_2 单独作用，将引起 σ_2 方向变形，其线应变为 σ_2/E，令横向变形系数为 μ，则 σ_2 方向变形将引起 σ_1 方向相应的线应变为 $-\mu\dfrac{\sigma_2}{E}$；同样道理，σ_3 单独作用将引起 σ_1 方向相应的线应变 $-\mu\dfrac{\sigma_3}{E}$。将这三项叠加，得

$$\varepsilon_1 = \frac{\sigma_1}{E} - \mu\frac{\sigma_2}{E} - \mu\frac{\sigma_3}{E}$$

同样可以得到

$$\varepsilon_2 = \frac{\sigma_2}{E} - \mu\frac{\sigma_3}{E} - \mu\frac{\sigma_1}{E}$$

$$\varepsilon_3 = \frac{\sigma_3}{E} - \mu\frac{\sigma_1}{E} - \mu\frac{\sigma_2}{E}$$

整理得到以主应力表示的**广义胡克定律**（generalization Hooke law）

$$\begin{cases} \varepsilon_1 = \dfrac{1}{E}\left[\sigma_1 - \mu(\sigma_2 + \sigma_3)\right] \\[2mm] \varepsilon_2 = \dfrac{1}{E}\left[\sigma_2 - \mu(\sigma_3 + \sigma_1)\right] \\[2mm] \varepsilon_3 = \dfrac{1}{E}\left[\sigma_3 - \mu(\sigma_1 + \sigma_2)\right] \end{cases} \tag{9-10}$$

式（9-10）建立了复杂应力状态下一点处的主应力与主应变之间的关系。应该

注意的是：只有当材料为各向同性，且处于线弹性范围之内时，上述定律才成立。

9.5　强度理论及其应用

材料在单向应力状态（见图 9-10a）下的强度——屈服极限 σ_s 或强度极限 σ_b，以及纯剪切应力状态（见图 9-10b）下的强度——剪切屈服极限 τ_s 或剪切强度极限 τ_b，总是可以通过试验来测定的。因此，对于构件中处于上述任何一种应力状态的点，可以不必分析材料发生屈服或断裂的力学因素，直接列出如下的强度条件：$\sigma_{max} \leqslant [\sigma]$，$\tau_{max} \leqslant [\tau]$。

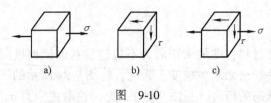

图　9-10

然而在复杂应力状态（纯剪切除外）下，情况就不一样了。例如材料在图 9-10c 所示的那种平面应力状态下，正应力 σ 和切应力 τ 对于材料的强度（极限应力）有着综合的影响，而且这种影响又随 σ 与 τ 的比例不同而变化，因此既不应该分别按正应力和切应力来建立强度条件 $\sigma_{max} \leqslant [\sigma]$ 和 $\tau_{max} \leqslant [\tau]$，也不可能总是通过试验来确定 σ 与 τ 呈每一比例时材料的强度。因而需要通过对材料破坏现象的观察和分析寻求材料强度破坏的规律，提出关于材料发生强度破坏的力学因素的假设——**强度理论**（theory of strength），以便利用单向拉伸、压缩以及圆筒扭转等试验测得的强度来推断复杂应力状态下材料的强度。

四个基本的强度理论

（1）最大拉应力理论（maximum tensile stress criterion）**（第一强度理论）** 受铸铁等材料单向拉伸时断口为最大拉应力作用面等现象的启迪，第一强度理论认为，在任何应力状态下，当一点处三个主应力中的拉伸主应力 σ_1 达到该材料在单轴拉伸试验或其他使材料发生脆性断裂的试验中测定的极限应力 σ_b 时就发生断裂。

可见，第一强度理论关于脆性断裂的判据为 $\sigma_1 = \sigma_b$，而相应的强度条件则是

$$\sigma_1 \leqslant [\sigma] \tag{9-11}$$

式中，$[\sigma]$ 为对应于脆性断裂的许用拉应力，$[\sigma] = \sigma_b/n$，而 n 为安全因数。这一理论与均质脆性材料（例如铸铁、玻璃、石膏等）的实验结果相吻合。

（2）**最大伸长线应变理论**（maximum tensile strain criterion）（**第二强度理论**）　第二强度理论认为，在任何应力状态下，当一点处的最大伸长线应变 ε_1 达到该材料在单轴拉伸试验、单轴压缩试验或其他试验中发生脆性断裂时与断裂面垂直的极限伸长线应变 ε_b 时就会发生断裂。

可见，第二强度理论关于脆性断裂的判据为

$$\varepsilon_1 = \varepsilon_b$$

对应于式中材料脆性断裂的极限伸长线应变 ε_b，如果是由单轴拉伸试验测定的（例如对铸铁等脆性金属材料），那么 $\varepsilon_{1b} = \sigma_b/E$；故有断裂判据为

$$\varepsilon_1 = \frac{\sigma_b}{E}$$

由广义胡克定律

$$\varepsilon_1 = \frac{1}{E}\left[\sigma_1 - \mu(\sigma_2 + \sigma_3)\right]$$

得断裂判据　　　　　　$$\sigma_1 - \mu(\sigma_2 + \sigma_3) = \sigma_b$$

则相应的强度条件则为

$$\sigma_1 - \mu(\sigma_2 + \sigma_3) \leqslant [\sigma] \tag{9-12}$$

式中，$[\sigma]$ 为对应于脆性断裂的许用拉应力，$[\sigma] = \sigma_b/n$，而 n 为安全因数。

石料或混凝土等脆性材料受轴向压缩时，往往出现纵向裂缝而断裂破坏，而最大伸长线应变发生于横向，最大伸长理论可以很好地解释这种现象。但是实验结果表明，这一理论仅仅与少数脆性材料在某些情况下的破坏相符，并不能用来解释脆性破坏的一般规律，故工程上应用较少。

（3）**最大切应力理论**（maximum shearing stress criterion）（**第三强度理论**）　低碳钢在单轴拉伸而屈服时出现滑移等现象，而滑移面又基本上是最大切应力的作用面（45°斜截面）。据此，第三强度理论认为，在任何应力状态下当一点处的最大切应力 τ_{max} 达到该材料在试验中屈服时最大切应力的极限值 τ_s 时就发生屈服。

第三强度理论的屈服判据为

$$\tau_{max} = \tau_s$$

对于由单轴拉伸试验可测定屈服极限 σ_s，从而有 $\tau_s = \sigma_s/2$ 的材料（例如低碳钢），上列屈服判据可写为

$$\frac{\sigma_1 - \sigma_3}{2} = \frac{\sigma_s}{2}$$

即　　　　　　　　　　$$\sigma_1 - \sigma_3 = \sigma_s$$

而相应的强度条件则为

$$\sigma_1 - \sigma_3 \leqslant [\sigma] \tag{9-13}$$

从上列屈服判据和强度条件可见，这一强度理论没有考虑复杂应力状态下的中间主应力 σ_2 对材料发生屈服的影响，因此，它与试验结果会有一定的误差，但结果偏于安全。

（4）畸变能密度理论（criterion of strain energy density corresponding to distortion）**（第四强度理论）** 注意到三向等值压缩时材料不发生或很难发生屈服，第四强度理论认为，在任何应力状态下材料发生屈服是由于一点处的畸变能密度 v_d 达到极限值 v_{ds} 所致，亦即

$$\sqrt{\frac{1}{2}\left[(\sigma_1 - \sigma_2)^2 + (\sigma_2 - \sigma_3)^2 + (\sigma_3 - \sigma_1)^2\right]} = \sigma_s$$

式中，σ_1，σ_2，σ_3 是构成危险点处的三个主应力，相应的强度条件则为

$$\sqrt{\frac{1}{2}\left[(\sigma_1 - \sigma_2)^2 + (\sigma_2 - \sigma_3)^2 + (\sigma_3 - \sigma_1)^2\right]} \leqslant [\sigma] \qquad (9\text{-}14)$$

这个理论比第三强度理论更符合已有的一些二向应力状态下的试验结果，但在工程实践中多采用计算较为简便的第三强度理论。

强度理论的相当应力（equivalent stress）

上述四个强度理论所建立的强度条件可统一写作如下形式：

$$\sigma_r \leqslant [\sigma]$$

式中，σ_r 是根据不同强度理论以危险点处主应力表达的一个值，它相当于单轴拉伸应力状态下强度条件 $\sigma \leqslant [\sigma]$ 中的拉应力 σ，称 σ_r 为相当应力。表9-1 给出了前述四个强度理论的相当应力表达式。

表 9-1　四个强度理论的相当应力表达式

强度理论名称及类型		相当应力表达式
第一类强度理论（脆性断裂的理论）	第一强度理论——最大拉应力理论	$\sigma_{r1} = \sigma_1$
	第二强度理论——最大伸长线应变理论	$\sigma_{r2} = \sigma_1 - \mu(\sigma_2 + \sigma_3)$
第二类强度理论（塑性屈服的理论）	第三强度理论——最大切应力理论	$\sigma_{r3} = \sigma_1 - \sigma_3$ $\sigma_{r4} = \left\{\frac{1}{2}\left[(\sigma_1 - \sigma_2)^2 + (\sigma_2 - \sigma_3)^2 + (\sigma_3 - \sigma_1)^2\right]\right\}^{1/2}$
	第四强度理论——畸变能密度理论	

例 9-3 直径为 $d = 0.1\text{m}$ 的铸铁圆杆受力如图 9-11 所示，力偶矩 $T = 7\text{kN·m}$，拉力 $F = 50\text{kN}$，许用应力 $[\sigma] = 40\text{MPa}$，试用第一强度理论校核杆的强度。

解 圆杆表面各点危险程度相同，取任一点危险点 A，应力状态如图 9-11b 所示：

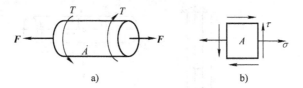

图 9-11

$$\sigma = \frac{F}{A} = \frac{4 \times 50}{\pi \times 0.1^2} \times 10^3 \text{Pa} = 6.37 \text{MPa}$$

$$\tau = \frac{T}{W_\text{t}} = \frac{16 \times 7000}{\pi \times 0.1^3} \text{Pa} = 35.7 \text{MPa}$$

$$\left.\begin{array}{r}\sigma_{\max}\\\sigma_{\min}\end{array}\right\} = \frac{6.37}{2}\text{MPa} \pm \sqrt{\left(\frac{6.37}{2}\right)^2 + 35.7^2}\,\text{MPa} = \begin{array}{l}39\\-32\end{array}\text{MPa}$$

即

$$\sigma_1 = 39\text{MPa}, \quad \sigma_2 = 0, \quad \sigma_3 = -32\text{MPa}$$

$\sigma_1 \leqslant [\sigma]$ 故安全。

思 考 题

9-1　何谓一点处的应力状态？研究它有何意义？

9-2　何谓二向应力状态和三向应力状态？圆轴受扭时，轴表面各点处于何种应力状态？梁受横力弯曲时，梁顶、梁底及其他各点处于何种应力状态？

9-3　何谓主应力？主应力与正应力的区别和联系是什么？

9-4　如何绘出应力圆？应力圆与单元体有何对应关系？应力圆有哪些用途？

9-5　为什么要提出强度理论？常用的强度理论有哪几种？它们的适用范围是什么？

习 题

9-1　构件受力如习题 9-1 图所示。

（1）确定危险点的位置；

（2）用单元体表示危险点的应力状态。

9-2　三个单元体各面上的应力如习题 9-2 图所示，试判断各为何种应力状态。

9-3　在习题 9-3 图所示应力状态中，试用解析法和图解法求出指定斜截面上的应力（应力单位 MPa）。

9-4　单元体各个面上的应力如习题 9-4 图所示，图中应力单位为 MPa。试用解析法和图解法求：（1）主应力大小，主平面位置；（2）在单元体上绘出主平面位置及主应力方向；（3）最大切应力。

9-5　在通过一点的两个平面上，应力如习题 9-5 图所示，单位为 MPa。试求主应力及主平面的位置。并用单元体的草图表示出来。

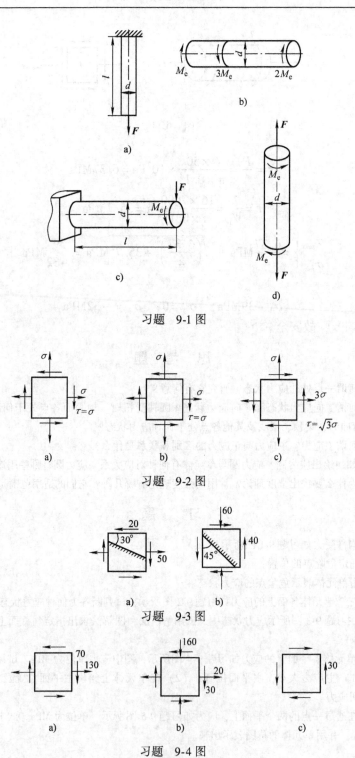

习题 9-1 图

习题 9-2 图

习题 9-3 图

习题 9-4 图

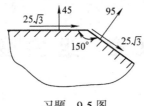

习题　9-5 图

9-6　两种应力状态分别如习题 9-6 图所示，试按第四强度理论，比较两者的危险程度。

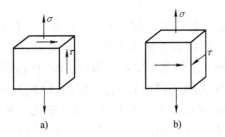

习题　9-6 图

习 题 答 案

9-1　（略）

9-2　（略）

9-3　a) $\sigma_{60°} = -4.82\text{MPa}$，$\tau_{60°} = 11.65\text{MPa}$

　　b) $\sigma_{45°} = 10\text{MPa}$，$\tau_{45°} = 30\text{MPa}$

9-4　a) $\sigma_1 = 160.52\text{MPa}$，$\sigma_2 = 0$，$\sigma_3 = -30.52\text{MPa}$，$\tau_{\max} = 95.52\text{MPa}$

　　b) $\sigma_1 = 24.87\text{MPa}$，$\sigma_2 = 0$，$\sigma_3 = -164.87\text{MPa}$，$\tau_{\max} = 95.52\text{MPa}$

　　c) $\sigma_1 = 30\text{MPa}$，$\sigma_2 = 0$，$\sigma_3 = -30\text{MPa}$，$\tau_{\max} = 30\text{MPa}$

9-5　$\sigma_1 = 120\text{MPa}$，$\sigma_2 = \text{MPa}$，$\sigma_3 = 0$，$\sigma_0 = 30°$

9-6　a) $\sigma_{r4} = \sqrt{\sigma^2 + 3\tau^2}$　　b) $\sigma_{r4} = \sqrt{\sigma^2 + 3\tau^2}$，危险程度相同。

第10章 组合变形

10.1 组合变形的概念

前面各章分别讨论了杆件的拉伸（压缩）、剪切、扭转和弯曲等基本变形，并建立了相应的强度、刚度和稳定性设计准则。但在工程实际中，很多构件往往同时产生两种或两种以上的基本变形。例如，图10-1a所示的钻床立柱，经力系简化可以判断其不仅受轴向拉力作用，同时在纵向对称面内还有力偶作用，因此会产生拉伸变形和弯曲变形；图10-1b所示的化工塔器，除了受到重力作用，还受到水平风压力作用，因此其不仅产生压缩变形，同时还有弯曲变形；图10-1c所示的传动轴受到作用面垂直于轴线的力偶和横向力共同作用产生扭转变形和弯曲变形。

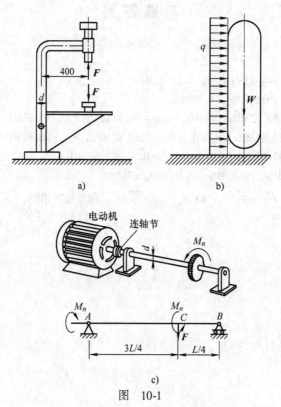

图 10-1

在外力作用下，构件同时产生两种或两种以上基本变形的情况称为**组合变形**（combined deformation）。

在小变形和线弹性条件下，构件上各种外力的作用彼此独立、互不影响，因此可以根据叠加原理对组合变形进行强度分析：① 将构件上的外载荷进行分组，使每组载荷作用对应一种基本变形；② 对于每种基本变形，进行内力分析，判断构件的危险截面；③ 分别计算出每一种基本变形在危险面上的应力，并将这些应力进行叠加，由此确定危险点的位置以及应力状态；④ 根据危险点的应力状态，选择适当的强度理论（或强度条件）进行强度计算。

本章讨论工程中常见的两种简单的组合变形：拉伸（压缩）与弯曲的组合变形、扭转与弯曲的组合变形。

10.2　拉伸（压缩）与弯曲的组合变形

在外力作用下，构件同时产生拉伸（压缩）和弯曲变形时，称为**拉（压）弯组合变形**（combined tension and bending deformation）。拉（压）弯组合变形是工程中常见的情况，图 10-1a 所示为立柱拉弯组合变形的实例，图 10-1b 所示化工塔为拉弯组合变形的实例。下面以图 10-2a 所示矩形截面杆为例分析拉（压）弯组合变形的强度计算。

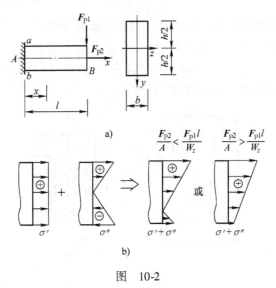

图　10-2

力 F_{P1} 作用在纵向对称平面 xy 内，引起杆件发生平面弯曲变形，中性轴是 z 轴；F_{P2} 引起杆件发生轴向拉伸变形。

内力：$F_N = F_{P2} =$ 常数；$M_z = -F_{P1}(l-x)$，$M_{zmax} = M_z^A = F_{P1}l$。所以此杆的危

险截面为固定端截面 A。

应力：轴向拉伸正应力为

$$\sigma' = \frac{F_N}{A} = \frac{F_{P2}}{A}, \text{ 横截面上均匀分布}$$

弯曲正应力为

$$\sigma'' = \frac{M_z}{I_z}y = -\frac{F_{P1}(l-x)}{I_z}y, \text{ 横截面上呈线性分布}$$

叠加可得任一横截面上任一点的正应力为

$$\sigma = \sigma' + \sigma'' = \frac{F_{P2}}{A} - \frac{F_{P1}(l-x)}{I_z}y \tag{10-1}$$

所以，杆件的最大、最小正应力发生在固定端截面（危险截面）的上、下边缘 a, b 处，其值分别为

$$\sigma_{max} = \frac{F_{P2}}{A} + \frac{F_{P1}l}{W_z} \quad (>0, \text{ 为拉应力})$$

$$\sigma_{min} = \frac{F_{P2}}{A} - \frac{F_{P1}l}{W_z} \quad (\text{可能为拉应力，也可能为压应力})$$

所以固定端截面上的正应力分布如图 10-2b 所示。因为危险点处于单向应力状态，故其强度条件为

$$\sigma_{max} \leqslant [\sigma]$$

根据强度条件可以对拉（压）弯构件进行强度计算。

例 10-1 小型压力机框架如图 10-3a 所示，材料为灰铸铁 HT15—33，已知材料的许用拉应力 $[\sigma_t] = 30\text{MPa}$，许用压应力 $[\sigma_c] = 80\text{MPa}$，试校核框架立柱的强度。立柱的截面尺寸如图 10-3b 所示。

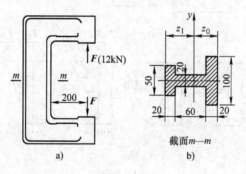

图 10-3

解 （1）根据截面尺寸，计算横截面面积，确定截面形心位置，求出主惯性矩。

$$A = (50 \times 20 + 60 \times 20 + 100 \times 20)\text{mm}^2 = 4200\text{mm}^2$$

$$z_0 = \frac{100 \times 20 \times 10 + 60 \times 20 \times 50 + 50 \times 20 \times 90}{4200} \text{mm} = 40.5 \text{mm}$$

$$z_1 = (100 - 40.5) \text{mm} = 59.5 \text{mm}$$

$$I_y = \left[\frac{100 \times 20^3}{12} + (40.5 - 10)^2 \times (100 \times 20) \right] \text{mm}^4$$

$$+ \left[\frac{20 \times 60^3}{12} + (50 - 40.5)^2 \times (60 \times 20) \right] \text{mm}^4$$

$$+ \left[\frac{50 \times 20^3}{12} + (90 - 40.5)^2 \times (50 \times 20) \right] \text{mm}^4$$

$$= 4.88 \times 10^6 \text{mm}^4$$

（2）计算横截面 $m\text{-}m$ 的内力

$$F_N = F = 12 \text{kN}$$

$$M_y = 12 \times (200 + 40.5) \times 10^{-3} \text{kN} \cdot \text{m} = 2.89 \text{kN} \cdot \text{m}$$

（3）校核强度

$$\sigma_{tmax} = \frac{F_N}{A} + \frac{M_y z_0}{I_y} = \left(\frac{12 \times 10^3}{4200} + \frac{2.89 \times 10^6 \times 40.5}{4.88 \times 10^6} \right) \text{MPa} = 26.9 \text{MPa} < [\sigma_t] = 30 \text{MPa}$$

$$\sigma_{cmax} = \frac{M_y z_1}{I_y} - \frac{F_N}{A} = \left(\frac{2.89 \times 10^6 \times 59.5}{4.88 \times 10^6} - \frac{12 \times 10^3}{4200} \right) \text{MPa} = 32.3 \text{MPa} < [\sigma_c] = 80 \text{MPa}$$

所以，立柱满足强度要求。

10.3 扭转与弯曲的组合变形

在外力作用下，构件同时产生扭转和弯曲变形时，称为**扭弯组合变形**（torsion-bending combined deformation）。扭转与弯曲的组合变形是工程中最常见的情况，多数传动轴都属于扭弯组合变形。下面以图 10-4a 所示轴为例，说明构件在扭弯组合变形下的强度计算。

图 10-4a 所示为圆截面轴，左端固定，右端自由，右端面受到集中力 **F** 和力偶矩 M_e 的作用，使轴发生扭转和弯曲的组合变形。

分别作圆轴的扭矩图和弯矩图，如图 10-4b，c 所示，确定该轴的危险截面，并求其上的内力。显然此轴的危险截面发生在固定端 A 处，由于细长的实心轴可以略去弯曲剪力的影响，故只考虑其上的弯矩和扭矩：$M = Fl$，$T = M_e$。

由于正应力 σ 和切应力 τ 都按线性分布，因此在危险截面 A 上，铅垂直径上下两端点 A_1 和 A_2 是截面上的危险点，且两者危险程度相同。沿直径 $A_1 A_2$ 的作应力分布图，如图 10-4d 所示，并计算危险点的应力。其值为

$$\sigma = \frac{M}{W_z}$$

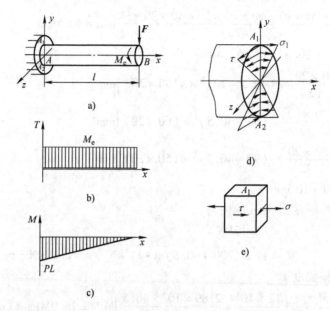

图 10-4

式中，W_z 为轴的抗弯截面系数，圆轴的 $W_z = \dfrac{\pi d^3}{32}$。

$$\tau = \frac{T}{W_t}$$

式中，W_t 为轴的抗扭截面系数，圆轴的 $W_t = \dfrac{\pi d^3}{16}$。

强度条件

如果材料为塑性材料，则两个危险点只需校核一个的强度就可以了。在危险点 A_1（也可以是 A_2）取单元体，作其应力状态如图 10-4e 所示，为二向应力状态。其主应力为

$$
\begin{cases}
\sigma_1 = \dfrac{\sigma}{2} + \sqrt{\left(\dfrac{\sigma}{2}\right)^2 + \tau^2} \\[2mm]
\sigma_2 = 0 \\[2mm]
\sigma_3 = \dfrac{\sigma}{2} - \sqrt{\left(\dfrac{\sigma}{2}\right)^2 + \tau^2}
\end{cases}
$$

代入第三和第四强度理论公式（9-13）和式（9-14）即可得扭弯组合的强度条件。按第三强度理论，强度条件为

$$\sqrt{\sigma^2 + 4\tau^2} \leqslant [\sigma] \tag{10-2}$$

注意到圆截面 $W_t = 2W_z$，弯扭组合的强度条件还可以写为

$$\frac{1}{W_z}\sqrt{M^2 + T^2} \leq [\sigma] \tag{10-3}$$

按第四强度理论，强度条件为

$$\sqrt{\sigma^2 + 3\tau^2} \leq [\sigma] \tag{10-4}$$

或者

$$\frac{1}{W_z}\sqrt{M^2 + 0.75T^2} \leq [\sigma] \tag{10-5}$$

例 10-2 如图 10-5a 所示钢制圆截面的传动轴，由电动机带动，已知轴的转速为 $n = 300\text{r/min}$，电动机功率为 $N_P = 10\text{kW}$，直径 $d = 50\text{mm}$，齿轮重 $P = 4\text{kN}$，$L = 1.2\text{m}$，轴的许用应力 $[\sigma] = 160\text{MPa}$，试用第三强度理论校核轴的强度。（对实心轴可略去弯曲切应力的影响）

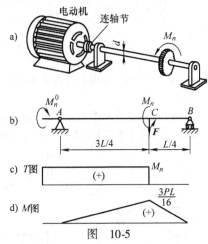

图 10-5

解 转轴的计算模型如图 10-5b 所示。

（1）计算电动机传递的外力偶矩 M_e

$$M_e = 9.55\frac{N_P}{n} = 318.3\text{N} \cdot \text{m}$$

$$T = M_e = 318.3\text{N} \cdot \text{m}$$

（2）绘制内力图，并确定危险截面上的内力，内力图如图 10-5c 和图 10-5d 所示，C 截面为危险截面，危险截面上的内力为

$$T = 318.3\text{N} \cdot \text{m}, \quad M_{max} = \frac{3PL}{16} = 900\text{N} \cdot \text{m}$$

（3）用第三强度理论校核危险点的强度
由式（10-3）得

$$\frac{1}{W_z}\sqrt{M^2 + T^2} = \frac{32 \times 10^6}{\pi \times 50^3}\sqrt{(0.9)^2 + (0.3183)^2}\text{MPa} = 77.73\text{MPa} < [\sigma]$$

所以该传动轴满足强度要求。

思 考 题

10-1 用叠加原理解决组合变形强度问题的步骤是什么。

10-2 拉（压）弯组合杆件危险点的位置如何确定？建立强度条件时为什么不必利用强度理论？

10-3 弯扭组合的圆截面杆，在建立强度条件时，为什么要用强度理论？

10-4 为什么弯曲与拉伸组合变形时只需校核拉应力强度条件，而弯曲与压缩组合变形时脆性材料要同时校核压应力和拉应力强度条件？

10-5 同时承受拉伸、扭转和弯曲变形的圆截面杆件，按第三强度理论建立的强度条件是否可写成如下形式？为什么？

$$\frac{F_N}{A} + \frac{1}{W_z}\sqrt{M^2 + T^2} \leq [\sigma]$$

习 题

10-1 求习题 10-1 图所示杆在 $F = 100\text{kN}$ 作用下最大拉应力 σ 的数值，并指明其所在位置。尺寸单位为 mm。

10-2 习题 10-2 图所示为悬臂吊车。横梁采用 25a 号工字钢，梁长 $l = 4\text{m}$，$\alpha = 30°$，横梁重 $F_1 = 20\text{kN}$，电动葫芦重 $F_2 = 4\text{kN}$，横梁材料的许用应力 $[\sigma] = 100\text{MPa}$，试校核横梁的强度。

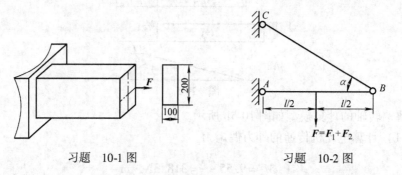

习题 10-1 图 习题 10-2 图

10-3 直径为 20mm 的圆截面水平直角折杆，如习题 10-3 图所示，受垂直力 $F = 0.2\text{kN}$，已知 $[\sigma] = 170\text{MPa}$。试用第三强度理论确定 a 的许可值。

10-4 习题 10-4 图所示圆截面杆，受载荷 F_1、F_2 和 T 作用，试按第三强度理论校核杆的强度。已知：$F_1 = 500\text{kN}$，$F_2 = 15\text{kN}$，$T = 1.2\text{kN·m}$，$[\sigma] = 160\text{MPa}$。

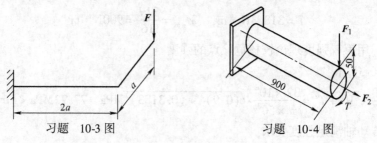

习题 10-3 图 习题 10-4 图

10-5　习题 10-5 图所示传动轴 AB 直径 $d = 80$mm，轴长 $l = 2$m，$[\sigma] = 100$MPa，轮缘挂重 $F = 8$kN 与转矩 M 平衡，轮直径 $D = 0.7$m。试画出轴的内力图，并用第三强度理论校核轴的强度。

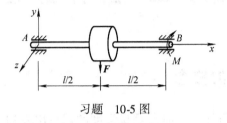

习题　10-5 图

习 题 答 案

10-1　$\sigma_{max} = 12.5$MPa

10-2　$\sigma_{max} = 63.9$MPa $< [\sigma]$，安全

10-3　$a \leqslant 0.3$m

10-4　$\sigma = 107.4$MPa $< [\sigma]$，安全

10-5　$\sigma = 97.14$MPa $< [\sigma]$，安全

第11章 压杆稳定

11.1 压杆稳定的概念

在第 6 章中对受压杆件的研究是从强度的观点出发的，即认为只要满足压缩的强度条件就可以保证压杆正常工作。但是，实践与理论证明，这个结论只适用于短粗压杆，对细长压杆，此结论并不适用。

细长压杆受压时表现出与强度失效截然不同的性质。以一个简单的例子来说明。取一枚铁钉与一根直径相同的长铁丝分别做试验，铁钉能承受手的较大的压力，但长铁丝在较小的压力下就会变弯。细长压杆表现出的这种与强度、刚度问题完全不同的性质，就是稳定性问题。我们把**受压直杆丧失原有的直线平衡状态，称为压杆丧失稳定，简称失稳**（buckling）。

现以图 11-1 所示压杆来说明压杆的稳定性问题。当杆件受到一逐渐增加的轴向压力 F 作用时，其始终可以保持直线平衡状态。如果作用一侧向干扰力 F_1，压杆会产生微小的弯曲变形，如图 11-1a 中双点画线所示，而当干扰力消失后，会出现以下几种情况：

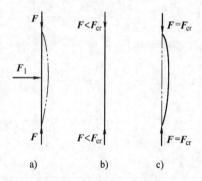

图 11-1 中心受压直杆的稳定性分析

1）当轴向压力 F 值较小时（$F < F_{cr}$），横向干扰去除后，压杆将恢复为原来的直线平衡位置，如图 11-1b 所示。这表明，此时压杆的平衡是稳定的。

2）当轴向压力 F 值大于 F_{cr} 时，撤除横向干扰力后，压杆不仅不能恢复直线形状，而且将继续弯曲，产生显著的弯曲变形。这表明，压杆原有的直线平衡状态是不稳定的。

3）当轴向压力等于 F_{cr} 时，横向干扰消除后，压杆不能回到原来的直线平衡状态，而是在微弯状态下保持平衡，如图 11-1c 所示，此时，称压杆介于稳定与不稳定的临界平衡状态。**压杆处于临界状态时的轴向压力称为压杆的临界压力（critical load），用 F_{cr} 表示。**

由上述可知，压杆的原有直线平衡状态是否稳定，与所受轴向压力大小有关。当轴向压力达到临界压力时，压杆即向失稳过渡。因此，对于压杆稳定性的研究，关键在于确定压杆的临界压力。

除细长压杆外，其他形式的构件同样存在稳定性问题。如图 11-2 所示，承受径向外压的圆筒形薄壁容器，当外压 q 达到或超过一定数值时，截面会突然由圆环形变成椭圆形。

在工程实际中，有许多受压构件是需要考虑稳定性的。例如，千斤顶的丝杠、托架中的压杆，如图 11-3 所示，采矿工程中的钻杆等，如果这些构件过于细长，在轴向压力较大时就有可能失稳而破坏。这种破坏往往是突然发生的，会造成工程结构的损坏。因此，在设计这类构件时，进行稳定性计算是非常必要的。

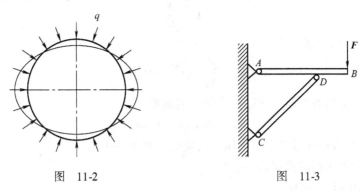

图 11-2　　　　　　　　　　图 11-3

11.2　细长压杆临界压力的欧拉公式

由上节分析可知，使压杆在微弯状态保持平衡的最小轴向压力即为压杆的临界压力。对确定的压杆来说，判断其是否会丧失稳定，主要取决于轴向压力是否达到了临界值 F_{cr}。因此，根据压杆的不同条件来确定相应的临界载荷 F_{cr}，是解决压杆稳定问题的关键。

1. 两端铰支细长压杆的临界压力

如图 11-4 所示，一两端为球形铰支的细长压杆，在轴向压力 F 作用下处于微弯平衡状态。设距原点为 x 的任意截面的挠度为 w，则该截面的弯矩为

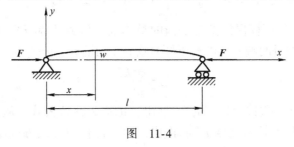

图 11-4

$$M = -Fw \qquad\qquad (a)$$

在式（a）中，轴向压力 F 取绝对值。这样，在图示的坐标系中弯矩 M 与挠度 w 的符号总相反，故式（a）中加了一个负号。对微小的弯曲变形，挠曲线的近似微分方程为

$$\frac{d^2 w}{dx^2} = \frac{M(x)}{EI} \qquad\qquad (b)$$

将式（a）代入式（b）得

$$\frac{d^2 w}{dx^2} = -\frac{Fw}{EI} \qquad\qquad (c)$$

引入记号

$$k^2 = \frac{F}{EI} \qquad\qquad (d)$$

于是式（c）可写成

$$\frac{d^2 w}{dx^2} + k^2 w = 0 \qquad\qquad (e)$$

上式是一个常系数二阶齐次微分方程，其通解为

$$w = A\sin kx + B\cos kx \qquad\qquad (f)$$

式中，A，B 为积分常数，可由压杆两端的边界条件确定。

两端铰支压杆的位移边界条件为

当 $x = 0$ 时，$w = 0$

当 $x = l$ 时，$w = 0$

将以上条件代入式（f）得

$$\begin{cases} 0 \cdot A + B = 0 \\ \sin kl \cdot A + \cos kl \cdot B = 0 \end{cases}$$

上式是关于 A，B 的齐次线性方程组，其有非零解的条件是

$$\begin{vmatrix} 0 & 1 \\ \sin kl & \cos kl \end{vmatrix} = 0$$

由此可得 $\sin kl = 0$

满足这一条件的 kl 值为 $kl = n\pi$，可得

$$F = \frac{n^2 \pi^2 EI}{l^2} \qquad (n = 0, 1, 2, \cdots)$$

如前所述，使压杆保持微弯平衡的最小轴向压力即为压杆的临界载荷。因此，取 $n = 1$，即得两端铰支细长压杆的临界压力的计算公式为

$$F_{cr} = \frac{\pi^2 EI}{l^2} \qquad\qquad (11\text{-}1)$$

式（11-1）最早由欧拉（L. Euler）导出，也称为欧拉公式。从公式可以看出，临界载荷 F_{cr} 与杆的抗弯刚度 EI 成正比，而与杆长的二次方成反比。即杆愈细

长，其临界载荷愈小，愈容易失稳。需要注意的是，如果压杆两端为球形铰支，则上式中的惯性矩 I 应为压杆横截面的最小惯性矩。因为压杆失稳时，总是在抗弯能力最小的纵向平面内弯曲。

综合以上讨论，当取 $n = 1$ 时，$k = \pi / l$，得到压杆失稳时的挠曲线方程为

$$y = A\sin\frac{\pi x}{l} \tag{11-2}$$

此曲线为一"半波正弦曲线"，式中 A 为杆件中点的挠度，它的数值随干扰的大小而异。

2. 其他支承条件下细长压杆的临界压力

压杆两端的约束除了同为铰支外，还可能有其他支承的情形。对于其他支承条件下的压杆，其临界压力仍可以仿照前面所述的方法推导出来，这里不再详细讨论。另外，我们可以利用两端铰支压杆的欧拉公式，通过比较失稳时的挠曲线形状，采用类比的方法导出几种常见的约束条件下压杆临界压力的计算公式。

两端铰支细长压杆挠曲线的形状为一个半波正弦曲线（两端弯矩为零，是拐点）。对于杆端为其他约束条件的细长压杆，若在挠曲线上能找到两个拐点（表示弯矩 $M = 0$ 的截面），则可把两截面之间的一段杆看做两端铰支的细长压杆，其临界压力应与相同长度的两端铰支细长压杆相同。各种约束条件下等截面细长压杆临界压力的欧拉公式见表 11-1。

表 11-1　各种约束条件下等截面细长压杆临界压力的欧拉公式

支承情况	两端铰支	一端固定 另端铰支	两端固定	一端固定 另端自由
失稳时挠曲线形状				
临界力的欧拉公式	$F_{cr} = \dfrac{\pi^2 EI}{l^2}$	$F_{cr} = \dfrac{\pi^2 EI}{(0.7l)^2}$	$F_{cr} = \dfrac{\pi^2 EI}{(0.5l)^2}$	$F_{cr} = \dfrac{\pi^2 EI}{(2l)^2}$
长度因数 μ	$\mu = 1$	$\mu = 0.7$	$\mu = 0.5$	$\mu = 2$

（**1**）**两端固定细长压杆的临界压力**　对于两端固定的压杆，其挠曲线在距离两端点 $l/4$ 处各有一个拐点，中间长为 $l/2$ 的一段成一个半波正弦曲线，因此可视为长为 $l/2$ 的两端铰支压杆，其临界应力为

$$F_{cr} = \frac{\pi^2 EI}{(0.5l)^2}$$

（**2**）**一端固定一端铰支细长压杆的临界压力**　在此种杆端约束下，此挠曲线上距固定端 $0.3l$ 处有一个拐点。因此，在 $0.7l$ 长度内，挠曲线是一条半波正弦曲线。因此，其临界压力应与长为 $0.7l$ 且两端铰支细长压杆的临界压力公式相同，即

$$F_{cr} = \frac{\pi^2 EI}{(0.7l)^2}$$

（**3**）**一端固定一端自由的细长压杆的临界压力**　此压杆的挠曲线为半个半波正弦曲线，相当于两端铰支长为 $2l$ 的压杆挠曲线的上半部分。因此，其临界压力与长为 $2l$ 的两端铰支细长压杆的相同，即

$$F_{cr} = \frac{\pi^2 EI}{(2l)^2}$$

将不同约束条件下细长压杆的临界压力计算式写成如下统一的形式：

$$F_{cr} = \frac{\pi^2 EI}{(\mu l)^2} \tag{11-3}$$

式（11-3）称为欧拉公式的一般形式。系数 μ 称为**长度因数**（factor of length），与压杆的杆端约束情况有关；μl 称为**相当长度**（equivalent length），表示把长为 l 的压杆折算成两端铰支压杆后的长度。

应当指出，上表中所列的只是几种典型情况，实际问题中的约束情况可能更复杂，计算时需根据实际约束情况进行分析。

例 11-1　如图 11-5 所示，矩形截面细长压杆，上端自由，下端固定。已知 $b=3\text{cm}$，$h=5\text{cm}$，杆长 1.5m，材料的弹性模量为 200GPa，试计算压杆的临界压力。

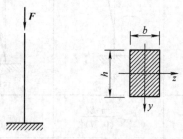

图　11-5

解 根据此压杆两端约束条件，$\mu = 2$，

$$I_y = \frac{hb^3}{12} < I_z = \frac{bh^3}{12}$$

所以压杆在 xOz 平面内失稳

$$I_y = \frac{hb^3}{12} = \frac{5 \times 10^{-2} \times (3 \times 10^{-2})^3}{12} \text{m}^4 = 11.25 \times 10^{-8} \text{m}^4$$

由压杆临界压力的计算公式，得

$$F_{cr} = \frac{\pi^2 E I_y}{(\mu l)^2} = \frac{\pi^2 \times 200 \times 10^9 \times 11.25 \times 10^{-8}}{(2 \times 1.5)^2} \text{N} = 24674\text{N} = 24.67\text{kN}$$

11.3 临界应力与欧拉公式的应用范围

1. 细长压杆的临界应力

压杆处于临界平衡状态时横截面上的平均应力称为临界应力（critical stress），用 σ_{cr} 表示。可由压杆的横截面积除临界压力得到，即

$$\sigma_{cr} = \frac{F_{cr}}{A} = \frac{\pi^2 E I}{(\mu l)^2 A}$$

注意到式中 $I/A = i^2$，$i = \sqrt{I/A}$ 为压杆横截面的**惯性半径**（radius of gyration）。引用记号

$$\lambda = \frac{\mu l}{i} \tag{11-4}$$

可得

$$\sigma_{cr} = \frac{\pi^2 E}{\lambda^2} \tag{11-5}$$

式（11-5）即为细长压杆临界应力的欧拉公式。式中的 λ 综合反映了压杆的长度、约束形式及截面几何性质等因素对临界应力的影响，是描述压杆稳定性能的重要参数，称为**柔度或长细比**（slenderness ratio）。

2. 欧拉公式的应用范围

在推导临界应力的欧拉公式时是根据挠曲线的近似微分方程建立的，而该微分方程是在材料服从胡克定律，即在线弹性范围内才成立的。因此，使用欧拉公式的前提条件为：杆内应力不超过材料的比例极限 σ_p，即

$$\sigma_{cr} = \frac{\pi^2 E}{\lambda^2} \leqslant \sigma_p$$

可得

$$\lambda \geqslant \sqrt{\frac{\pi^2 E}{\sigma_p}} = \lambda_p \tag{11-6}$$

$\lambda_{\mathrm{p}} = \sqrt{\dfrac{\pi^2 E}{\sigma_{\mathrm{p}}}}$ 为适用欧拉公式的最小柔度，其值仅与材料的弹性模量 E 及比例极限 σ_{p} 有关。显然，只有当压杆的实际柔度大于等于材料的比例极限 σ_{p} 所对应的柔度值 λ_{p} 时，欧拉公式才适用。$\lambda \geqslant \lambda_{\mathrm{p}}$ 的压杆称为**大柔度杆**（**slender column**）**或细长杆**。

不同材料有不同的 λ_{p}，以 Q235 钢为例，弹性模量 $E = 206\mathrm{GPa}$，比例极限 $\sigma_{\mathrm{p}} = 200\mathrm{MPa}$，则有

$$\lambda_{\mathrm{p}} = \sqrt{\frac{\pi^2 E}{\sigma_{\mathrm{p}}}} = \pi \sqrt{\frac{206 \times 10^9}{200 \times 10^6}} \approx 100$$

因此，由 Q235 钢制成的压杆，只有当柔度 $\lambda \geqslant 100$ 时，才能使用欧拉公式计算临界应力。

3. 中小柔度杆的临界应力

当压杆的柔度值 $\lambda < \lambda_{\mathrm{p}}$ 时，其临界应力超过了材料的比例极限，这时欧拉公式已不适用。这类压杆的临界应力在工程计算中常采用建立在试验基础上的经验公式来计算。常见的经验公式有直线公式和抛物线公式。

（1）直线公式　直线公式的一般表达式为

$$\sigma_{\mathrm{cr}} = a - b\lambda \tag{11-7}$$

式中，a 和 b 为与材料性能有关的常数，单位为 MPa。

表 11-2 列出了几种常见材料的 a，b 值。

表 11-2　几种常见材料的 a，b 及 λ_{p}，λ_{s} 值

材　　料	a/MPa	b/MPa	λ_{p}	λ_{s}
Q235 钢	304	1.12	100	61.4
优质碳钢	461	2.568	100	60
硅钢	578	3.744	100	60
铸铁	332.2	1.454	80	
强铝	373	2.15	50	

由上述公式可知，压杆的临界应力随柔度 λ 的减小而增大。当 λ 小于某一数值时，按直线公式求得的临界应力会超过材料的屈服极限 σ_{s} 或强度极限 σ_{b}，这是杆件强度条件不允许的。因此，只有在临界应力不超过屈服极限 σ_{s}（或强度极限 σ_{b}）时，直线公式才适用。以塑性材料为例，它的应用条件可表示为

$$\lambda > \frac{a - \sigma_{\mathrm{s}}}{b} = \lambda_{\mathrm{s}} \tag{11-8}$$

式中，λ_{s} 是与材料屈服极限 σ_{s} 对应的柔度值。$\lambda_{\mathrm{s}} = (a - \sigma_{\mathrm{s}})/b$ 为使用直线公式的最小柔度值。所以直线公式的适用范围是 $\lambda_{\mathrm{s}} < \lambda < \lambda_{\mathrm{p}}$。柔度在 λ_{s} 和 λ_{p} 之间

的压杆称为**中柔度杆或中长杆**。对 Q235 钢来说，$\sigma_s = 235\text{MPa}$，$a = 304\text{MPa}$，$b = 1.12\text{MPa}$。将这些数值代入式（11-8），得 $\lambda_s = (304 - 235)/1.12 = 61.6$。

柔度小于 λ_s 的压杆称为**小柔度杆或粗短杆**。实验证明，这类压杆的破坏是因为应力达到材料的屈服极限 σ_s（或强度极限 σ_b），属于强度问题，而不会出现失稳现象。若将这类压杆也按稳定形式处理，则材料的临界应力 σ_{cr} 表示为

$$\sigma_{cr} = \sigma_s \tag{11-9}$$

综上所述，根据压杆的柔度值可将其分为三类，并按不同的公式计算临界应力。临界应力随柔度变化的关系曲线如图 11-6 所示，简称为压杆的**临界应力总图**。

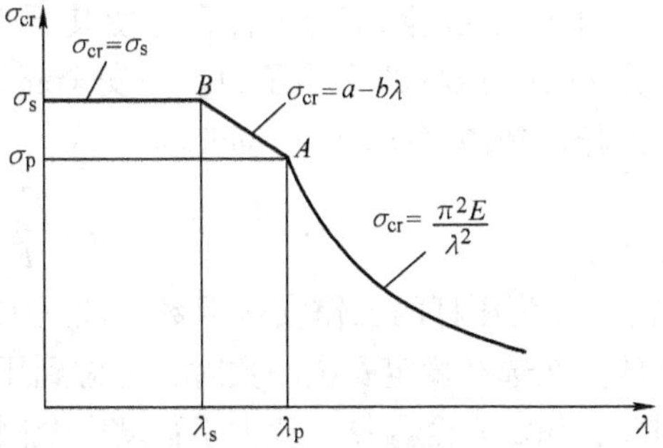

（2）抛物线公式　抛物线公式把临界应力与柔度表示为下面的抛物线关系

$$\sigma_{cr} = a_1 - b_1 \lambda^2 \tag{11-10}$$

图 11-6　直线型临界应力总图

式中，a_1 和 b_1 也是与材料性质有关的常数。

在我国钢结构中把临界应力 σ_{cr} 与柔度 λ 的关系表示为如下形式：

$$\sigma_{cr} = \sigma_s \left[1 - a \left(\frac{\lambda}{\lambda_c} \right)^2 \right] \qquad (\lambda \leqslant \lambda_c) \tag{11-11}$$

式中，σ_s 是材料的屈服强度；a 是与材料性质有关的系数；λ_c 是欧拉公式与抛物线公式适用范围的分界柔度。

例 11-2　一两端铰支的空心圆管，其材料弹性模量 $E = 200\text{GPa}$，外径 $D = 50\text{mm}$，内径 $d = 25\text{mm}$，材料的 $\lambda_p = 120$，$\lambda_s = 70$，长度 $= 2\text{m}$，其直线经验公式为 $\sigma_{cr} = 304 - 1.12\lambda$，单位为 MPa。试求该压杆的临界应力。

解　由式（11-4）可知，压杆的柔度为 $\lambda = \dfrac{\mu l}{i}$，惯性半径

$$i = \sqrt{\frac{I}{A}} = \sqrt{\frac{\dfrac{\pi(D^4 - d^4)}{64}}{\dfrac{\pi(D^2 - d^2)}{4}}} = \frac{1}{4}\sqrt{D^2 + d^2} = \frac{1}{4}\sqrt{50^2 + 25^2}\ \text{mm} \approx 14\ \text{mm}$$

柔度

$$\lambda = \frac{\mu l}{i} = \frac{1 \times 2}{14 \times 10^{-3}} \approx 142.9 > \lambda_p = 120$$

所以可以用欧拉公式计算其临界应力，其临界应力为

$$\sigma_{cr} = \frac{\pi^2 E}{\lambda^2} = \frac{\pi^2 \times 200 \times 10^9}{142.9^2}\ \text{Pa} \approx 96.7\ \text{MPa}$$

11.4 压杆的稳定性计算

工程中常用的压杆稳定计算方法有两种，一是稳定安全因数法，二是折减系数法。

1. 稳定安全因数法

对于工程实际中的压杆，为使其不丧失稳定，就必须使压杆所承受的轴向压力 F 小于压杆的临界压力。为安全起见，还要有一定的安全因数。因此，压杆的**稳定条件**（stability condition）为：

$$n = \frac{F_{cr}}{F} \geqslant n_{st} \tag{11-12}$$

式中，n 为压杆的工作安全因数；F_{cr} 为压杆的临界压力；n_{st} 为规定的稳定安全因数。在选择稳定安全因数时，考虑到压杆存在初弯曲、加载偏心等不利因素，因此，稳定安全因数一般大于强度安全因数，其值可从有关设计手册中查得。

2. 折减系数法

式（11-12）是用安全因数形式表示的稳定性条件，在钢结构中常采用折减系数法对压杆进行稳定性计算，稳定性条件表示为

$$\sigma = \frac{F_N}{A} \leqslant \varphi[\sigma] \tag{11-13}$$

式中，φ 称为折减系数。φ 是 λ 的函数，且总有 $\varphi < 1$。几种常用材料压杆的折减系数列于表 11-3 中。

表 11-3 折减系数表

λ	0	1	2	3	4	5	6	7	8	9
0	1.000	1.000	1.000	1.000	0.999	0.999	0.998	0.998	0.997	0.996
10	0.995	0.994	0.993	0.992	0.991	0.989	0.988	0.987	0.985	0.983
20	0.981	0.979	0.977	0.975	0.973	0.971	0.969	0.966	0.963	0.961
30	0.958	0.956	0.953	0.950	0.947	0.944	0.941	0.937	0.934	0.931
40	0.927	0.923	0.920	0.916	0.912	0.908	0.904	0.900	0.896	0.892
50	0.888	0.884	0.879	0.875	0.870	0.816	0.861	0.856	0.851	0.847
60	0.842	0.837	0.832	0.826	0.821	0.866	0.811	0.805	0.800	0.795
70	0.789	0.784	0.778	0.772	0.767	0.761	0.755	0.749	0.743	0.737
80	0.731	0.725	0.719	0.713	0.707	0.701	0.695	0.688	0.682	0.676
90	0.669	0.663	0.657	0.650	0.644	0.637	0.631	0.624	0.617	0.611
100	0.604	0.597	0.591	0.584	0.577	0.570	0.563	0.557	0.550	0.543

（续）

λ	0	1	2	3	4	5	6	7	8	9
110	0.536	0.529	0.522	0.515	0.508	0.501	0.494	0.487	0.480	0.473
120	0.466	0.459	0.452	0.445	0.439	0.432	0.426	0.420	0.413	0.407
130	0.401	0.396	0.390	0.384	0.379	0.374	0.369	0.364	0.359	0.354
140	0.349	0.344	0.340	0.335	0.331	0.327	0.322	0.318	0.314	0.310
150	0.306	0.303	0.299	0.295	0.292	0.288	0.285	0.281	0.278	0.275
160	0.272	0.268	0.265	0.262	0.259	0.256	0.254	0.251	0.248	0.245
170	0.243	0.240	0.237	0.235	0.232	0.230	0.227	0.225	0.223	0.220
180	0.218	0.216	0.214	0.212	0.210	0.207	0.205	0.203	0.201	0.199
190	0.197	0.196	0.194	0.192	0.190	0.188	0.187	0.185	0.183	0.181
200	0.180	0.178	0.176	0.175	0.173	0.172	0.170	0.169	0.167	0.166
210	0.164	0.163	0.162	0.160	0.159	0.158	0.156	0.155	0.154	0.152
220	0.151	0.150	0.149	0.147	0.146	0.145	0.144	0.143	0.142	0.141
230	0.139	0.138	0.137	0.136	0.135	0.134	0.133	0.132	0.131	0.130
240	0.129	0.128	0.127	0.126	0.125	0.125	0.124	0.123	0.122	0.121
250	0.120									

　　需要注意的是，由于压杆的稳定性取决于整个杆的弯曲刚度，局部削弱（如钻孔、开槽等）对杆件整体变形的影响很小。所以计算临界应力或临界压力时可采用削弱前的横截面积和惯性矩。但对于被削弱的横截面还应进行强度校核。

　　例 11-3　一两端固定的压杆长 $l = 2500\,\text{mm}$，直径 $d = 80\,\text{mm}$。材料为 Q235钢，承受的最大压力 $F = 200\,\text{kN}$，规定的稳定安全因数 $n_{st} = 4$，试校核此压杆的稳定性。

　　解　（1）计算柔度

　　由压杆的约束条件，长度因数 $\mu = 0.5$，惯性半径为

$$i = \sqrt{\frac{I}{A}} = \sqrt{\frac{\pi d^4/64}{\pi d^2/4}} = \frac{d}{4} = \frac{80}{4}\,\text{mm} = 20\,\text{mm}$$

所以

$$\lambda = \frac{\mu l}{i} = \frac{0.5 \times 2500}{20} = 62.5$$

　　（2）计算临界力

　　因 $\lambda_s = 61.4 < \lambda < \lambda_p = 100$，故此杆属于中长杆，用经验公式计算临界应力。查表 11-2 得：$a = 304\,\text{MPa}$，$b = 1.12\,\text{MPa}$，则

$$\sigma_{cr} = a - b\lambda = (304 - 1.12 \times 62.5)\text{MPa} = 234\text{MPa}$$

$$F_{cr} = A\sigma_{cr} = \frac{\pi}{4} \times (80 \times 10^{-3})^2 \times 234 \times 10^6 \text{N} \approx 1176 \times 10^3 \text{N}$$

（3）校核压杆的稳定性

$$n = \frac{F_{cr}}{F} = \frac{1176}{200} = 5.88 > n_{st} = 4$$

所以此压杆是稳定的。

例 11-4 已知平面磨床液压传动装置示意图如图 11-7 所示。活塞直径 $D = 65\text{mm}$，油压 $p = 1.2\text{MPa}$，活塞杆长度 $l = 1250\text{mm}$，材料为 35 钢，$\sigma_P = 220\text{MPa}$，$E = 210\text{GPa}$，$n_{st} = 6$。试确定活塞杆的直径。

活塞杆

图 11-7

解 （1）轴向压力

$$F = \frac{\pi}{4}D^2 p = \frac{\pi}{4}(65 \times 10^{-3})^2 \times 1.2 \times 10^6 \text{N} = 3980\text{N}$$

（2）临界压力

$$F_{cr} = n_{st}F = 6 \times 3980\text{N} = 23900\text{N}$$

（3）确定活塞杆直径

由

$$F_{cr} = \frac{\pi^2 EI}{(\mu l)^2} = 23900\text{N}$$

得

$$d \approx 0.025\text{m}$$

（4）计算活塞杆柔度

$$\lambda = \frac{\mu l}{i} = \frac{1 \times 1.25}{0.025/4} = 200$$

对 35 号钢，有

$$\lambda_1 = \sqrt{\frac{\pi^2 E}{\sigma_P}} = \sqrt{\frac{\pi^2 \times 210 \times 10^9}{220 \times 10^6}} = 97$$

因为 $\lambda > \lambda_1$，所以满足欧拉公式的条件。

例 11-5 如图 11-8 所示支架，BD 杆为正方形截面的木杆，其长度 $l = 2\text{m}$，截面边长 $a = 0.1\text{m}$，木材的许用应力 $[\sigma] = 10\text{MPa}$，试从满足 BD 杆的稳定条件考虑，计算该支架能承受的最大荷载 F_{max}。

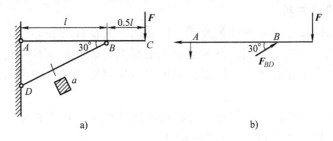

图 11-8

解 （1）计算 BD 杆的长细比

$$l_{BD} = \frac{l}{\cos 30°} = \frac{2}{\frac{\sqrt{3}}{2}}\text{m} = 2.31\text{m}$$

$$\lambda_{BD} = \frac{\mu l_{BD}}{i} = \frac{\mu l_{BD}}{\sqrt{\frac{I}{A}}} = \frac{\mu l_{BD}}{a\sqrt{\frac{1}{12}}} = \frac{1 \times 2.31}{0.1 \times \sqrt{\frac{1}{12}}} = 80$$

（2）求 BD 杆能承受的最大压力

根据长细比 λ_{BD} 查表，得 $\varphi_{BD} = 0.470$，则 BD 杆能承受的最大压力为

$$F_{BD\text{max}} = A\varphi[\sigma] = 0.1^2 \times 0.470 \times 10 \times 10^6\text{N} = 47.1 \times 10^3\text{N}$$

（3）根据外力 F 与 BD 杆所承受压力之间的关系，求出该支架能承受的最大荷载 F_{max}。

考虑 AC 的平衡，可得

$$\sum M_A = 0, \qquad F_{BD} \cdot \frac{l}{2} - F \cdot \frac{3}{2}l = 0$$

从而可求得

$$F = \frac{1}{3}F_{BD}$$

因此，该支架能承受的最大荷载 F_{max} 为

$$F_{\text{max}} = \frac{1}{3}F_{BD\text{max}} = \frac{1}{3} \times 47.1 \times 10^3\text{N} = 15.7 \times 10^3\text{N}$$

11.5 提高压杆稳定性的措施

由以上各节的讨论可知，压杆的稳定性取决于临界载荷的大小。因此，欲提高压杆的稳定性，关键在于提高压杆的临界压力或临界应力。而压杆的临界应力又与材料的力学性能和柔度有关，因此，可以根据这些因素，采取适当的措施来提高压杆的稳定性。

1. 合理选择材料

由细长压杆临界应力的计算公式可以看出，细长杆的临界应力与材料的弹性模量 E 有关。因此，选用弹性模量较大的材料可以提高压杆的稳定性。但各种钢材的弹性模量相差不大，所以，如果仅从稳定性考虑，选用高强度钢是不经济的。

对于中柔度压杆，其临界应力与材料的比例极限、压缩极限应力有关。因而选用优质钢材显然有利于稳定性的提高。

对于小柔度的短粗杆，本身就属于强度破坏问题，选用强度高的优质钢材，其优越性是很明显的。

2. 减小压杆的柔度

由临界应力总图可见，柔度越小，临界应力越大。所以，减小柔度是提高压杆稳定性的主要途径。由柔度公式 $\lambda = \mu l/i = \mu l/\sqrt{I/A}$ 可知，减小压杆柔度可从以下三方面考虑：

（1）选择合理的截面形状　对于一定长度和支承方式的压杆，在横截面积一定的情况下，应选择惯性矩较大的截面形状。为此，应尽量使材料远离截面形心，如图 11-9a、b 所示。在工程实际中，若压杆的截面是用两根槽钢组成的，则应采用如图 11-9c 所示的布置方式，可以取得较大的惯性矩或惯性半径。还有如图 11-9d 所示由四根角钢组成的压杆，其四根角钢分散布置在截面的四角，而不是集中放在截面的形心附近。

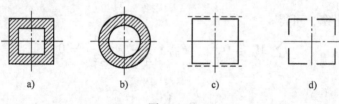

a)　　　　　b)　　　　　c)　　　　　d)

图　11-9

对在两个纵向平面内杆端约束相同的压杆，应使截面对任一形心轴的最大和最小惯性矩相等，从而使压杆在各纵向平面内具有相同的稳定性。如圆形、圆环形、正方形等截面都能满足这一要求。如果压杆杆端在各弯曲平面内约束性质不同（如柱形铰）则应使压杆在不同方向的柔度值尽量相等。

（2）减小压杆的长度　在条件允许时，可通过增加中间约束等方法来减小压杆的长度，从而使压杆的柔度值降低，以达到提高压杆稳定性的目的。

例如，长为 l 两端铰支的压杆，其 $\mu = 1$，$F_{cr} = \pi^2 EI/l^2$。若在这一压杆的中点增加一个中间支座或者把两端改为固定端（见图 11-10），则相当长度变为 $\mu l = l/2$，临界力变为

$$F_{cr} = \frac{\pi^2 EI}{\left(\dfrac{l}{2}\right)^2} = \frac{4\pi^2 EI}{l^2}$$

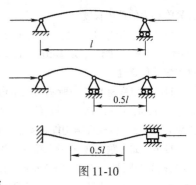

（3）改善压杆的约束条件 由压杆柔度公式 $\lambda = \mu l/i$ 可知，若杆端约束刚性越强，压杆的长度因数 μ 越小，即柔度越小，则临界力越高。因此，应尽可能加强杆端约束的刚性，提高压杆的稳定性。

图 11-10

思 考 题

11-1 说明压杆的临界压力和临界应力的含义。

11-2 压杆因丧失稳定而产生的弯曲变形与梁在横向力作用下产生的弯曲变形有何不同？

11-3 欧拉公式在什么范围内适用？如果把中长杆误断为细长杆应用欧拉公式计算临界力会导致什么后果？

11-4 若将受压杆的长度增加一倍，其临界压力和临界应力将如何变化？若将圆截面压杆的直径增加一倍，其临界压力和临界应力的值又有何变化？

11-5 什么是临界应力总图？塑性材料和脆性材料的临界应力总图有何区别？

11-6 采用 Q235 钢制成的三根压杆，分别为大、中、小柔度杆。若材料必采用优质碳素钢，是否可提高各杆的承载能力？

11-7 铸铁的抗压性能好，它是否可以用做各种压杆？

习 题

11-1 某细长压杆，两端为铰支，材料用 Q235 钢，弹性模量 $E = 200\text{GPa}$，试用欧拉公式分别计算下列两种情况的临界压力：

（1）圆形截面，直径 $d = 25\text{mm}$，$l = 1\text{m}$；

（2）矩形截面，$h = 2b = 40\text{mm}$，$l = 1\text{m}$。

11-2 习题 11-2 图所示连杆，材料为 Q235 钢，弹性模量 $E = 200\text{GPa}$，横截面面积 $A = 44\text{cm}^2$，惯性矩 $I_y = 120 \times 10^4\ \text{mm}^4$，$I_z = 797 \times 10^4\ \text{mm}^4$，在 xy 平面内，长度因数 $\mu_z = 1$；在 xz 平面内，长度系数 $\mu_y = 0.5$。试计算其临界压力和临界应力。

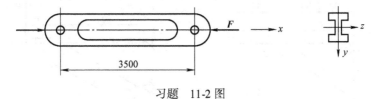

习题 11-2 图

11-3 有一两端为球形铰支的细长压杆，已知：材料的弹性模量 $E = 210\text{GPa}$，比例极限 $\sigma_P = 200\text{MPa}$，若其横截面为高 $h = 60\text{mm}$，宽 $b = 30\text{mm}$ 的矩形。试求此压杆能应用欧拉公式计算临界力的最短长度。

11-4 某千斤顶，已知丝杆长度 $l = 375\text{mm}$，内径 $d = 40\text{mm}$，材料为 45 号钢（$a = 589\text{MPa}$，$b = 3.82\text{MPa}$，$\lambda_p = 100$，$\lambda_s = 60$），最大顶起重量 $F = 80\text{kN}$，规定的安全因数 $n_{st} = 4$。试校核其稳定性。

11-5 如习题 11-5 图所示的三角桁架，两杆均为由 Q235 钢制成的圆截面杆。已知杆直径 $d = 20\text{mm}$，$F = 15\text{kN}$，材料的 $\sigma_s = 240\text{MPa}$，$E = 200\text{GPa}$，强度安全因数 $n = 2.0$，稳定安全因数 $n_{st} = 2.5$。试检查结构能否安全工作。

11-6 如习题 11-6 图所示梁柱结构，横梁 AB 的截面为矩形，$b \times h = 40\text{mm} \times 60\text{mm}$；竖柱 CD 的截面为圆形，直径 $d = 20\text{mm}$。在 C 处用铰链连接。材料为 Q235 钢，$\lambda_p = 100$，$E = 200\text{GPa}$，规定安全因数 $n_{st} = 3$。若现在 AB 梁上最大弯曲应力 $\sigma = 140\text{MPa}$，试校核 CD 杆的稳定性。

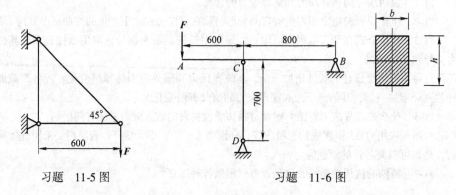

习题 11-5 图　　　　　　　　　　习题 11-6 图

11-7 习题 11-7 图所示简单托架，其撑杆 AB 为圆截面木杆，若架上受集度为 $q = 24\text{kN/m}$ 的均布荷载作用，AB 两端为铰支，木材的 $E = 10\text{GPa}$，$\sigma_p = 20\text{MPa}$，木杆 AB 的直径 $d = 15\text{cm}$，规定的稳定安全因数 $n_{st} = 3$，试校核 AB 杆的稳定性。

11-8 习题 11-8 图所示托架，AB 杆的直径 $d = 4\text{cm}$，长度 $l = 80\text{cm}$，两端铰支，材料为 Q235 钢，弹性模量 $E = 200\text{GPa}$，直线经验公式 $\sigma_{cr} = 304 - 1.12\lambda(\text{MPa})$，$\lambda_p = 100$。

（1）试根据 AB 杆的稳定条件确定托架的临界力 F_{cr}；

（2）若已知实际载荷 $F = 70\text{kN}$，AB 杆规定的稳定安全因数 $n_{st} = 2$，试问此托架是否安全？

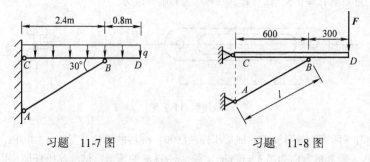

习题 11-7 图　　　　　　　　　　习题 11-8 图

11-9 习题 11-9 图所示的两圆截面压杆的长度、直径和材料均相同，已知 $l = 1\text{m}$，$d =$

40mm，材料的弹性模量 $E = 200\text{GPa}$，比例极限 $\sigma_p = 200\text{MPa}$，屈服极限 $\sigma_s = 240\text{MPa}$，直线经验公式 $\sigma_{cr} = (304 - 1.12\lambda)$（MPa），试求二压杆的临界力。

11-10 习题 11-10 图中所示的两压杆，一杆为正方形截面，边长 $a = 3\text{cm}$，一杆为圆形截面，$d = 4\text{cm}$。两压杆的材料相同，材料的弹性模量 $E = 200\text{GPa}$，比例极限 $\sigma_p = 200\text{MPa}$，屈服极限 $\sigma_s = 240\text{MPa}$，直线经验公式 $\sigma_{cr} = (304 - 1.12\lambda)$（MPa），试求结构失稳时的竖直外力 F。

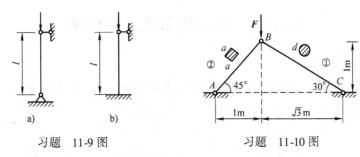

习题 11-9 图   习题 11-10 图

习 题 答 案

11-1 （1）37.85kN

      （2）52.64kN

11-2 175.7MPa 773 kN

11-3 1.76m

11-4 $n = 4.75$，安全

11-5 $F_{cr} = 43\text{kN}$ 压杆安全，拉杆 67.5MPa，安全

11-6 $n = 3.2$，安全

11-7 $n = 3.1$，稳定

11-8 （1）$F_{cr} = 118.6\text{kN}$

      （2）$n = 1.69$，不安全

11-9 247.6kN，282kN

11-10 74.4kN

附　　录

附录 A　截面图形的几何性质

1. 静矩与形心

如图 A-1 所示，图形的微单元面积与该面积的坐标之积的积分

$$S_z = \int_A y\mathrm{d}A \qquad\qquad \text{（A-1a）}$$

$$S_y = \int_A z\mathrm{d}A \qquad\qquad \text{（A-1b）}$$

定义为截面图形对 z 轴和 y 轴的静矩（static moment），也称为面积矩或一次矩。静矩的量纲是长度的三次方。

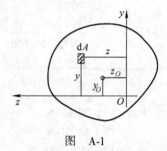

图　A-1

在 yOz 坐标系中，如果面积为 A 的图形的形心坐标为 (y_C, z_C)，那么根据形心的定义，

$$y_C = \frac{\int_A y\mathrm{d}A}{A}, \qquad z_C = \frac{\int_A z\mathrm{d}A}{A} \qquad\qquad \text{（A-2）}$$

或者 $y_C = \dfrac{S_z}{A}, \qquad z_C = \dfrac{S_y}{A}$

2. 惯性矩、惯性半径与惯性积

如图 A-2 所示，积分

$$I_\mathrm{p} = \int_A \rho^2\mathrm{d}A \qquad\qquad \text{（A-3）}$$

定义为截面图形对坐标原点 O 的**极惯性矩**，恒为正值。极惯性矩的量纲为长度的四次方。

外径为 D 的实心圆截面的极惯性矩

$$I_\mathrm{p} = \int_A \rho^2\mathrm{d}A = \int_0^{D/2} \rho^2 2\pi\rho\mathrm{d}\rho = \frac{\pi D^4}{32}$$

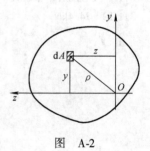

图　A-2

内径和外径分别为 d 和 D 的空心圆截面的极惯性矩

$$I_\mathrm{p} = \int_{d/2}^{D/2} \rho^2 2\pi\rho\mathrm{d}\rho = \frac{\pi D^4}{32}(1 - \alpha^4)$$

式中，$\alpha = d/D$ 为空心圆截面的内径与外径之比。

截面图形对 z 轴和对 y 轴的惯性矩定义为

$$I_z = \int_A y^2 \mathrm{d}A \tag{A-4a}$$

$$I_y = \int_A z^2 \mathrm{d}A \tag{A-4b}$$

也称为截面图形对 z 轴和对 y 轴的二次轴矩。因为 $\rho^2 = y^2 + z^2$，所以极惯性矩与惯性矩之间的关系为

$$I_\mathrm{p} = \int_A \rho^2 \mathrm{d}A = \int_A y^2 \mathrm{d}A + \int_A z^2 \mathrm{d}A = I_z + I_y \tag{A-5}$$

相应定义

$$i_y = \sqrt{\frac{I_y}{A}}, \quad i_z = \sqrt{\frac{I_z}{A}} \tag{A-6}$$

分别为截面图形对 y 轴和对 z 轴的惯性半径。惯性半径的量纲就是长度。

（1）圆截面的惯性矩　由于圆截面对于通过圆心的任何一根轴的惯性矩都相等，所以 $I_y = I_z$。对于实心圆截面，其惯性矩为

$$I_y = I_z = \frac{I_\mathrm{p}}{2} = \frac{\pi D^4}{64}$$

空心圆截面的惯性矩为

$$I_y = I_z = \frac{\pi D^4}{64}(1 - \alpha^4)$$

（2）矩形截面对形心轴的惯性矩（见图 A-3）

$$I_z = \int_A y^2 \mathrm{d}A = \int_{-h/2}^{h/2} y^2 b \mathrm{d}y = \frac{bh^3}{12}$$

$$I_y = \int_A z^2 \mathrm{d}A = \int_{-b/2}^{b/2} z^2 h \mathrm{d}z = \frac{hb^3}{12}$$

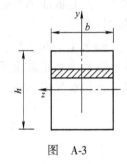

图　A-3

惯性积定义为

$$I_{yz} = \int_A yz \mathrm{d}A \tag{A-7}$$

由于乘积 yz 可以为正，也可以为负，因此，惯性积可能为正或为负。当截面具有一根轴（例如 y 轴，见图 A-4）为在对称轴时，坐标（z, y）处的微面积的积分项 $zy\mathrm{d}A$，与其关于 y 轴对称的微面积的积分项 $-zy\mathrm{d}A$ 互相抵消。此时惯性积 $I_{zy} = 0$。

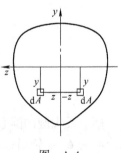

图　A-4

3. 惯性矩的平行移轴公式

由惯性矩的定义可知，同一截面图形对于不同的坐

标轴的惯性矩一般不相同。如图 A-5 所示，设图形的形心为 C，通过形心建立 y' Cz'坐标系。y'和 z' 称为形心轴。通过平面上任一点 O 建立与 y'轴和 z'轴平行的 yOz 坐标系。它们有关系

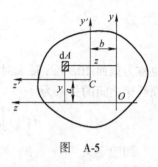

$$y = a + y'$$
$$z = b + z'$$

式中，a 和 b 为坐标轴之间的距离。
根据定义，图形对 z 轴之惯性矩

$$I_z = \int_A y^2 dA = \int_A (a + y')^2 dA$$

$$= a^2 A + 2a \int_A y' dA + \int_A y'^2 dA$$

图　A-5

上式右边第二项之积分为图形对 z'轴的面积矩，由于 z'轴通过形心，该面积矩为零。所以

$$I_z = a^2 A + I_{zC} \qquad\qquad （A-8a）$$

式中，I_{zC}是图形对于过形心的 z'轴的惯性矩。同理有

$$I_y = b^2 A + I_{yC} \qquad\qquad （A-8b）$$

$$I_{xy} = ab A + I_{xyC} \qquad\qquad （A-8c）$$

式中，I_{yC}是截面图形对于过形心的 y'轴的惯性矩。I_{xyC}是截面图形对 y'轴和 z'轴的惯性积。

例 A-1　如图 A-6 所示，直径为 40cm 的圆板，挖去一个直径为 20cm 的圆孔。孔的中心距离原圆板中心为 $d = 5$cm。试确定开孔圆板形心的位置，并且求开孔圆板对其形心轴之惯性矩。

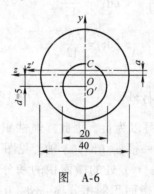

图　A-6

解　设大圆的圆心为 O，圆孔的圆心为 O'。过大圆的圆心作 z 轴。设开孔板的形心为 C，z'轴通过开孔板形心。z'轴与 z 轴的间距为 a。
（1）确定开孔板的形心位置

设 A，A_1 和 A_2 分别为原大圆板，开孔圆板和孔的面积。对 z 轴取面积矩

$$0 \cdot A = aA_1 + (-d)A_2$$

注意上式中 A_2 的形心坐标为负值。于是

$$a = \frac{A_2}{A_1}d = \frac{\dfrac{\pi}{4}20^2}{\dfrac{\pi}{4}(40^2 - 20^2)} \times 5\,\mathrm{cm} = 1.6667\,\mathrm{cm}$$

（2）求开孔板对其形心轴（z' 轴）的惯性矩

设 I，I_1 和 I_2 分别为原大圆板，开孔板及圆孔对 z' 轴的惯性矩，则

$$I = I_1 + I_2$$

$$I = \left(\frac{\pi \cdot 40^4}{64} + 1.6667^2 \cdot \frac{\pi}{4} \cdot 40^2\right)\mathrm{cm}^4 = 129154.5\ \mathrm{cm}^4$$

$$I_2 = \left[\frac{\pi \cdot 20^4}{64} + (5 + 1.6667)^2 \cdot \frac{\pi}{4} \cdot 20^2\right]\mathrm{cm}^4 = 21816.8\ \mathrm{cm}^4$$

$$I_1 = I - I_2 = 107337\,\mathrm{cm}^4$$

附录 B 型钢规格表（GB/T 706—2008）

表 B-1 热轧等边角钢

符号意义：

b——边宽
d——边厚
r——内圆弧半径
r₁——边端内弧半径

I——惯性矩
i——惯性半径
W——截面模数
Z₀——重心距离

型号	截面尺寸/mm			截面面积 /cm²	理论重量 /(kg/m)	外表面积 /(m²/m)	惯性矩/cm⁴				惯性半径/cm			截面模数/cm³			重心距离/cm
	b	d	r				I_x	I_{x1}	I_{x0}	I_{y0}	i_x	i_{x0}	i_{y0}	W_x	W_{x0}	W_{y0}	Z_0
2	20	3	3.5	1.132	0.889	0.078	0.40	0.81	0.63	0.17	0.59	0.75	0.39	0.29	0.45	0.20	0.60
		4		1.459	1.145	0.077	0.50	1.09	0.78	0.22	0.58	0.73	0.38	0.36	0.55	0.24	0.64
2.5	25	3	3.5	1.432	1.124	0.098	0.82	1.57	1.29	0.34	0.76	0.95	0.49	0.46	0.73	0.33	0.73
		4		1.859	1.459	0.097	1.03	2.11	1.62	0.43	0.74	0.93	0.48	0.59	0.92	0.40	0.76
3.0	30	3	4.5	1.749	1.373	0.117	1.46	2.71	2.31	0.61	0.91	1.15	0.59	0.68	1.09	0.51	0.85
		4		2.276	1.786	0.117	1.84	3.63	2.92	0.77	0.90	1.13	0.58	0.87	1.37	0.62	0.89

（续）

型号	截面尺寸/mm b	d	r	截面面积/cm²	理论重量/(kg/m)	外表面积/(m²/m)	惯性矩/cm⁴ I_x	I_{x1}	I_{x0}	I_{y0}	惯性半径/cm i_x	i_{x0}	i_{y0}	截面模数/cm³ W_x	W_{x0}	W_{y0}	重心距离/cm Z_0
3.6	36	3	4.5	2.109	1.656	0.141	2.58	4.68	4.09	1.07	1.11	1.39	0.71	0.99	1.61	0.76	1.00
		4		2.756	2.163	0.141	3.29	6.25	5.22	1.37	1.09	1.38	0.70	1.28	2.05	0.93	1.04
		5		3.382	2.654	0.141	3.95	7.84	6.24	1.65	1.08	1.36	0.70	1.56	2.45	1.00	1.07
4	40	3	5	2.359	1.852	0.157	3.59	6.41	5.69	1.49	1.23	1.55	0.79	1.23	2.01	0.96	1.09
		4		3.086	2.422	0.157	4.60	8.56	7.29	1.91	1.22	1.54	0.79	1.60	2.58	1.19	1.13
		5		3.791	2.976	0.156	5.53	10.74	8.76	2.30	1.21	1.52	0.78	1.96	3.10	1.39	1.17
4.5	45	3	5	2.659	2.088	0.177	5.17	9.12	8.20	2.14	1.40	1.76	0.89	1.58	2.58	1.24	1.22
		4		3.486	2.736	0.177	6.65	12.18	10.56	2.75	1.38	1.74	0.89	2.05	3.32	1.54	1.26
		5		4.292	3.369	0.176	8.04	15.2	12.74	3.33	1.37	1.72	0.88	2.51	4.00	1.81	1.30
		6		5.076	3.985	0.176	9.33	18.36	14.76	3.89	1.36	1.70	0.8	2.95	4.64	2.06	1.33
5	50	3	5.5	2.971	2.332	0.197	7.18	12.5	11.37	2.98	1.55	1.96	1.00	1.96	3.22	1.57	1.34
		4		3.897	3.059	0.197	9.26	16.69	14.70	3.82	1.54	1.94	0.99	2.56	4.16	1.96	1.38
		5		4.803	3.770	0.196	11.21	20.90	17.79	4.64	1.53	1.92	0.98	3.13	5.03	2.31	1.42
		6		5.688	4.465	0.196	13.05	25.14	20.68	5.42	1.52	1.91	0.98	3.68	5.85	2.63	1.46
5.6	56	3	6	3.343	2.624	0.221	10.19	17.56	16.14	4.24	1.75	2.20	1.13	2.48	4.08	2.02	1.48
		4		4.390	3.446	0.220	13.18	23.43	20.92	5.46	1.73	2.18	1.11	3.24	5.28	2.52	1.53
		5		5.415	4.251	0.220	16.02	29.33	25.42	6.61	1.72	2.17	1.10	3.97	6.42	2.98	1.57
		6		6.420	5.040	0.220	18.69	35.26	29.66	7.73	1.71	2.15	1.10	4.68	7.49	3.40	1.61
		7		7.404	5.812	0.219	21.23	41.23	33.63	8.82	1.69	2.13	1.09	5.36	8.49	3.80	1.64
		8		8.367	6.568	0.219	23.63	47.24	37.37	9.89	1.68	2.11	1.09	6.03	9.44	4.16	1.68
6	60	5	6.5	5.829	4.576	0.236	19.89	36.05	31.57	8.21	1.85	2.33	1.19	4.59	7.44	3.48	1.67
		6		6.914	5.427	0.235	23.25	43.33	36.89	9.60	1.83	2.31	1.18	5.41	8.70	3.98	1.70
		7		7.977	6.262	0.235	26.44	50.65	41.92	10.96	1.82	2.29	1.17	6.21	9.88	4.45	1.74
		8		9.020	7.081	0.235	29.47	58.02	46.66	12.28	1.81	2.27	1.17	6.98	11.00	4.88	1.78

（续）

型号	截面尺寸/mm			截面面积 /cm²	理论重量 /(kg/m)	外表面积 /(m²/m)	惯性矩/cm⁴				惯性半径/cm			截面模数/cm³			重心距离/cm
	b	d	r				I_x	I_{x1}	I_{x0}	I_{y0}	i_x	i_{x0}	i_{y0}	W_x	W_{x0}	W_{y0}	Z_0
6.3	63	4	7	4.978	3.907	0.248	19.03	33.35	30.17	7.89	1.96	2.46	1.26	4.13	6.78	3.29	1.70
		5		6.143	4.822	0.248	23.17	41.73	36.77	9.57	1.94	2.45	1.25	5.08	8.25	3.90	1.74
		6		7.288	5.721	0.247	27.12	50.14	43.03	11.20	1.93	2.43	1.24	6.00	9.66	4.46	1.78
		7		8.412	6.603	0.247	30.87	58.60	48.96	12.79	1.92	2.41	1.23	6.88	10.99	4.98	1.82
		8		9.515	7.469	0.247	34.46	67.11	54.56	14.33	1.90	2.40	1.23	7.75	12.25	5.47	1.85
		10		11.657	9.151	0.246	41.09	84.31	64.85	17.33	1.88	2.36	1.22	9.39	14.56	6.36	1.93
7	70	4	8	5.570	4.372	0.275	26.39	45.74	41.80	10.99	2.18	2.74	1.40	5.14	8.44	4.17	1.86
		5		6.875	5.397	0.275	32.21	57.21	51.08	13.31	2.16	2.73	1.39	6.32	10.32	4.95	1.91
		6		8.160	6.406	0.275	37.77	68.73	59.93	15.61	2.15	2.71	1.38	7.48	12.11	5.67	1.95
		7		9.424	7.398	0.274	43.09	80.29	68.35	17.82	2.14	2.69	1.38	8.59	13.81	6.34	1.99
		8		10.667	8.373	0.274	48.17	91.92	76.37	19.98	2.12	2.68	1.37	9.68	15.43	6.98	2.03
7.5	75	5	9	7.412	5.818	0.295	39.97	70.56	63.30	16.63	2.33	2.92	1.50	7.32	11.94	5.77	2.04
		6		8.797	6.905	0.294	46.95	84.55	74.38	19.51	2.31	2.90	1.49	8.64	14.02	6.67	2.07
		7		10.160	7.976	0.294	53.57	98.71	84.96	22.18	2.30	2.89	1.48	9.93	16.02	7.44	2.11
		8		11.503	9.030	0.294	59.96	112.97	95.07	24.86	2.28	2.88	1.47	11.20	17.93	8.19	2.15
		9		12.825	10.068	0.294	66.10	127.30	104.71	27.48	2.27	2.86	1.46	12.43	19.75	8.89	2.18
		10		14.126	11.089	0.293	71.98	141.71	113.92	30.05	2.26	2.84	1.46	13.64	21.48	9.56	2.22
8	80	5	9	7.912	6.211	0.315	48.79	85.36	77.33	20.25	2.48	3.13	1.60	8.34	13.67	6.66	2.15
		6		9.397	7.376	0.314	57.35	102.50	90.98	23.72	2.47	3.11	1.59	9.87	16.08	7.65	2.19
		7		10.860	8.525	0.314	65.58	119.70	104.07	27.09	2.46	3.10	1.58	11.37	18.40	8.58	2.23
		8		12.303	9.658	0.314	73.49	136.97	116.60	30.39	2.44	3.08	1.57	12.83	20.61	9.46	2.27
		9		13.725	10.774	0.314	81.11	154.31	128.60	33.61	2.43	3.06	1.56	14.25	22.73	10.29	2.31
		10		15.126	11.874	0.313	88.43	171.74	140.09	36.77	2.42	3.04	1.56	15.64	24.76	11.08	2.35

（续）

型号	截面尺寸/mm			截面面积/cm²	理论重量/(kg/m)	外表面积/(m²/m)	惯性矩/cm⁴				惯性半径/cm			截面模数/cm³			重心距离/cm
	b	d	r				I_x	I_{x1}	I_{x0}	I_{y0}	i_x	i_{x0}	i_{y0}	W_x	W_{x0}	W_{y0}	Z_0
9	90	6	10	10.637	8.350	0.354	82.77	145.87	131.26	34.28	2.79	3.51	1.80	12.61	20.63	9.95	2.44
		7		12.301	9.656	0.354	94.83	170.30	150.47	39.18	2.78	3.50	1.78	14.54	23.64	11.19	2.48
		8		13.944	10.946	0.353	106.47	194.80	168.97	43.97	2.76	3.48	1.78	16.42	26.55	12.35	2.52
		9		15.566	12.219	0.353	117.72	219.39	186.77	48.66	2.75	3.46	1.77	18.27	29.35	13.46	2.56
		10		17.167	13.476	0.353	128.58	244.07	203.90	53.26	2.74	3.45	1.76	20.07	32.04	14.52	2.59
		12		20.306	15.940	0.352	149.22	293.76	236.21	62.22	2.71	3.41	1.75	23.57	37.12	16.49	2.67
10	100	6	12	11.932	9.366	0.393	114.95	200.07	181.98	47.92	3.10	3.90	2.00	15.68	25.74	12.69	2.67
		7		13.796	10.830	0.393	131.86	233.54	208.97	54.74	3.09	3.89	1.99	18.10	29.55	14.26	2.71
		8		15.638	12.276	0.393	148.24	267.09	235.07	61.41	3.08	3.88	1.98	20.47	33.24	15.75	2.76
		9		17.462	13.708	0.392	164.12	300.73	260.30	67.95	3.07	3.86	1.97	22.79	36.81	17.18	2.80
		10		19.261	15.120	0.392	179.51	334.48	284.68	74.35	3.05	3.84	1.96	25.06	40.26	18.54	2.84
		12		22.800	17.898	0.391	208.90	402.34	330.95	86.84	3.03	3.81	1.95	29.48	46.80	21.08	2.91
		14		26.256	20.611	0.391	236.53	470.75	374.06	99.00	3.00	3.77	1.94	33.73	52.90	23.44	2.99
		16		29.627	23.257	0.390	262.53	539.80	414.16	110.89	2.98	3.74	1.94	37.82	58.57	25.63	3.06
11	110	7	12	15.196	11.928	0.433	177.16	310.64	280.94	73.38	3.41	4.30	2.20	22.05	36.12	17.51	2.96
		8		17.238	13.535	0.433	199.46	355.20	316.49	82.42	3.40	4.28	2.19	24.95	40.69	19.39	3.01
		10		21.261	16.690	0.432	242.19	444.65	384.39	99.98	3.38	4.25	2.17	30.60	49.42	22.91	3.09
		12		25.200	19.782	0.431	282.55	534.60	448.17	116.93	3.35	4.22	2.15	36.05	57.62	26.15	3.16
		14		29.056	22.809	0.431	320.71	625.16	508.01	133.40	3.32	4.18	2.14	41.31	65.31	29.14	3.24
12.5	125	8	14	19.750	15.504	0.492	297.03	521.01	470.89	123.16	3.88	4.88	2.50	32.52	53.28	25.86	3.37
		10		24.373	19.133	0.491	361.67	651.93	573.89	149.46	3.85	4.85	2.48	39.97	64.93	30.62	3.45
		12		28.912	22.696	0.491	423.16	783.42	671.44	174.88	3.83	4.82	2.46	41.17	75.96	35.03	3.53
		14		33.367	26.193	0.490	481.65	915.61	763.73	199.57	3.80	4.78	2.45	54.16	86.41	39.13	3.61
		16		37.739	29.625	0.489	537.31	1048.62	850.98	223.65	3.77	4.75	2.43	60.93	96.28	42.96	3.68

（续）

型号	截面尺寸/mm			截面面积/cm²	理论重量/(kg/m)	外表面积/(m²/m)	惯性矩/cm⁴				惯性半径/cm			截面模数/cm³			重心距离/cm
	b	d	r				I_x	I_{x1}	I_{x0}	I_{y0}	i_x	i_{x0}	i_{y0}	W_x	W_{x0}	W_{y0}	Z_0
14	140	10	14	27.373	21.488	0.551	514.65	915.11	817.27	212.04	4.34	5.46	2.78	50.58	82.56	39.20	3.82
		12		32.512	25.522	0.551	603.68	1099.28	958.79	248.57	4.31	5.43	2.76	59.80	96.85	45.02	3.90
		14		37.567	29.490	0.550	688.81	1284.22	1093.56	284.06	4.28	5.40	2.75	68.75	110.47	50.45	3.98
		16		42.539	33.393	0.549	770.24	1470.07	1221.81	318.67	4.26	5.36	2.74	77.46	123.42	55.55	4.06
15	150	8	14	23.750	18.644	0.592	521.37	899.55	827.49	215.25	4.69	5.90	3.01	47.36	78.02	38.14	3.99
		10		29.373	23.058	0.591	637.50	1125.09	1012.79	262.21	4.66	5.87	2.99	58.35	95.49	45.51	4.08
		12		34.912	27.406	0.591	748.85	1351.26	1189.97	307.73	4.63	5.84	2.97	69.04	112.19	52.38	4.15
		14		40.367	31.688	0.590	855.64	1578.25	1359.30	351.98	4.60	5.80	2.95	79.45	128.16	58.83	4.23
		15		43.063	33.804	0.590	907.39	1692.10	1441.09	373.69	4.59	5.78	2.95	84.56	135.87	61.90	4.27
		16		45.739	35.905	0.589	958.08	1806.21	1521.02	395.14	4.58	5.77	2.94	89.59	143.40	64.89	4.31
16	160	10	16	31.502	24.729	0.630	779.53	1365.33	1237.30	321.76	4.98	6.27	3.20	66.70	109.36	52.76	4.31
		12		37.441	29.391	0.630	916.58	1639.57	1455.68	377.49	4.95	6.24	3.18	78.98	128.67	60.74	4.39
		14		43.296	33.987	0.629	1048.36	1914.68	1665.02	431.70	4.92	6.20	3.16	90.95	147.17	68.24	4.47
		16		49.067	38.518	0.629	1175.08	2190.82	1865.57	484.59	4.89	6.17	3.14	102.63	164.89	75.31	4.55
18	180	12	16	42.241	33.159	0.710	1321.35	2332.80	2100.10	542.61	5.59	7.05	3.58	100.82	165.00	78.41	4.89
		14		48.896	38.383	0.709	1514.48	2723.48	2407.42	621.53	5.56	7.02	3.56	116.25	189.14	88.38	4.97
		16		55.467	43.542	0.709	1700.99	3115.29	2703.37	698.60	5.54	6.98	3.55	131.13	212.40	97.83	5.05
		18		61.055	48.634	0.708	1875.12	3502.43	2988.24	762.01	5.50	6.94	3.51	145.64	234.78	105.14	5.13

（续）

型号	截面尺寸/mm b	d	r	截面面积/cm²	理论重量/(kg/m)	外表面积/(m²/m)	惯性矩/cm⁴ I_x	I_{x1}	I_{x0}	I_{y0}	惯性半径/cm i_x	i_{x0}	i_{y0}	截面模数/cm³ W_x	W_{x0}	W_{y0}	重心距离/cm Z_0
20	200	14	18	54.642	42.894	0.788	2103.55	3734.10	3343.26	863.83	6.20	7.82	3.98	144.70	236.40	111.82	5.46
		16		62.013	48.680	0.788	2366.15	4270.39	3760.89	971.41	6.18	7.79	3.96	163.65	265.93	123.96	5.54
		18	18	69.301	54.401	0.787	2620.64	4808.13	4164.54	1076.74	6.15	7.75	3.94	182.22	294.48	135.52	5.62
		20		76.505	60.056	0.787	2867.30	5347.51	4554.55	1180.04	6.12	7.72	3.93	200.42	322.06	146.55	5.69
		24		90.661	71.168	0.785	3338.25	6457.16	5294.97	1381.53	6.07	7.64	3.90	236.17	374.41	166.65	5.87
22	220	16		68.664	53.901	0.866	3187.36	5681.62	5063.73	1310.99	6.81	8.59	4.37	199.55	325.51	153.81	6.03
		18	21	76.752	60.250	0.866	3534.30	6395.93	5615.32	1453.27	6.79	8.55	4.35	222.37	360.97	168.29	6.11
		20		84.756	66.533	0.865	3871.49	7112.04	6150.08	1592.90	6.76	8.52	4.34	244.77	395.34	182.16	6.18
		22		92.676	72.751	0.865	4199.23	7830.19	6668.37	1730.10	6.73	8.48	4.32	266.78	428.66	195.45	6.26
		24		100.512	78.902	0.864	4517.83	8550.57	7170.55	1865.11	6.70	8.45	4.31	288.39	460.94	208.21	6.33
		26		108.264	84.987	0.864	4827.58	9273.39	7656.98	1998.17	6.68	8.41	4.30	309.62	492.21	220.49	6.41
25	250	18	24	87.842	68.956	0.985	5268.22	9379.11	8369.04	2167.41	7.74	9.76	4.97	290.12	473.42	224.03	6.84
		20		97.045	76.180	0.984	5779.34	10426.97	9181.94	2376.74	7.72	9.73	4.95	319.66	519.41	242.85	6.92
		24		115.201	90.433	0.983	6763.93	12529.74	10742.67	2785.19	7.66	9.66	4.92	377.34	607.70	278.38	7.07
		26		124.154	97.461	0.982	7238.08	13585.18	11491.33	2984.84	7.63	9.62	4.90	405.50	650.05	295.19	7.15
		28		133.022	104.422	0.982	7700.60	14643.62	12219.39	3181.81	7.61	9.58	4.89	433.22	691.23	311.42	7.22
		30		141.807	111.318	0.981	8151.80	15705.30	12927.26	3376.34	7.58	9.55	4.88	460.51	731.28	327.12	7.30
		32		150.508	118.149	0.981	8592.01	16770.41	13615.32	3568.71	7.56	9.51	4.87	487.39	770.20	342.33	7.37
		35		163.402	128.271	0.980	9232.44	18374.95	14611.16	3853.72	7.52	9.46	4.86	526.97	826.53	364.30	7.48

注：截面图中的 $r_1 = 1/3d$ 及表中 r 的数据用于孔型设计，不做交货条件。

表 B-2　热轧不等边角钢

符号意义:

B——长边宽度　　b——短边宽度
d——边厚　　　　r——内圆弧半径
r₁——边端内弧半径　I——惯性矩
i——惯性半径　　W——截面模数
X₀——重心距离　　Y₀——重心距离

型号	截面尺寸/mm B	b	d	r	截面面积 /cm²	理论重量 /(kg/m)	外表面积 /(m²/m)	惯性矩/cm⁴ I_x	I_{x1}	I_y	I_{y1}	I_u	惯性半径/cm i_x	i_y	i_u	截面模数/cm³ W_x	W_y	W_u	tgα	重心距离/cm X_0	Y_0
2.5/1.6	25	16	3	3.5	1.162	0.912	0.080	0.70	1.56	0.22	0.43	0.14	0.78	0.44	0.34	0.43	0.19	0.16	0.392	0.42	0.86
			4		1.499	1.176	0.079	0.88	2.09	0.27	0.59	0.17	0.77	0.43	0.34	0.55	0.24	0.20	0.381	0.46	1.86
3.2/2	32	20	3		1.492	1.171	0.102	1.53	3.27	0.46	0.82	0.28	1.01	0.55	0.43	0.72	0.30	0.25	0.382	0.49	0.90
			4		1.939	1.522	0.101	1.93	4.37	0.57	1.12	0.35	1.00	0.54	0.42	0.93	0.39	0.32	0.374	0.53	1.08
4/2.5	40	25	3	4	1.890	1.484	0.127	3.08	5.39	0.93	1.59	0.56	1.28	0.70	0.54	1.15	0.49	0.40	0.385	0.59	1.12
			4		2.467	1.936	0.127	3.93	8.53	1.18	2.14	0.71	1.36	0.69	0.54	1.49	0.63	0.52	0.381	0.63	1.32
4.5/2.8	45	28	3	5	2.149	1.687	0.143	4.45	9.10	1.34	2.23	0.80	1.44	0.79	0.61	1.47	0.62	0.51	0.383	0.64	1.37
			4		2.806	2.203	0.143	5.69	12.13	1.70	3.00	1.02	1.42	0.78	0.60	1.91	0.80	0.66	0.380	0.68	1.47
5/3.2	50	32	3	5.5	2.431	1.908	0.161	6.24	12.49	2.02	3.31	1.20	1.60	0.91	0.70	1.84	0.82	0.68	0.404	0.73	1.51
			4		3.177	2.494	0.160	8.02	16.65	2.58	4.45	1.53	1.59	0.90	0.69	2.39	1.06	0.87	0.402	0.77	1.60
5.6/3.6	56	36	3	6	2.743	2.153	0.181	8.88	17.54	2.92	4.70	1.73	1.80	1.03	0.79	2.32	1.05	0.87	0.408	0.80	1.65
			4		3.590	2.818	0.180	11.45	23.39	3.76	6.33	2.23	1.79	1.02	0.79	3.03	1.37	1.13	0.408	0.85	1.78
			5		4.415	3.466	0.180	13.86	29.25	4.49	7.94	2.67	1.77	1.01	0.78	3.71	1.65	1.36	0.404	0.88	1.82

（续）

型号	截面尺寸/mm				截面面积/cm²	理论重量/(kg/m)	外表面积/(m²/m)	惯性矩/cm⁴					惯性半径/cm			截面模数/cm³			tgα	重心距离/cm	
	B	b	d	r				I_x	I_{x1}	I_y	I_{y1}	I_u	i_x	i_y	i_u	W_x	W_y	W_u		X_0	Y_0
6.3/4	63	40	4	7	4.058	3.185	0.202	16.49	33.30	5.23	8.63	3.12	2.02	1.14	0.88	3.87	1.70	1.40	0.398	0.92	1.87
			5		4.993	3.920	0.202	20.02	41.63	6.31	10.86	3.76	2.00	1.12	0.87	4.74	2.07	1.71	0.396	0.95	2.04
			6		5.908	4.638	0.201	23.36	49.98	7.29	13.12	4.34	1.96	1.11	0.86	5.59	2.43	1.99	0.393	0.99	2.08
			7		6.802	5.339	0.201	26.53	58.07	8.24	15.47	4.97	1.98	1.10	0.86	6.40	2.78	2.29	0.389	1.03	2.12
7/4.5	70	45	4	7.5	4.547	3.570	0.226	23.17	45.92	7.55	12.26	4.40	2.26	1.29	0.98	4.86	2.17	1.77	0.410	1.02	2.15
			5		5.609	4.403	0.225	27.95	57.10	9.13	15.39	5.40	2.23	1.28	0.98	5.92	2.65	2.19	0.407	1.06	2.24
			6		6.647	5.218	0.225	32.54	68.35	10.62	18.58	6.35	2.21	1.26	0.98	6.95	3.12	2.59	0.404	1.09	2.28
			7		7.657	6.011	0.225	37.22	79.99	12.01	21.84	7.16	2.20	1.25	0.97	8.03	3.57	2.94	0.402	1.13	2.32
7.5/5	75	50	5	8	6.125	4.808	0.245	34.86	70.00	12.61	21.04	7.41	2.39	1.44	1.10	6.83	3.30	2.74	0.435	1.17	2.36
			6		7.260	5.699	0.245	41.12	84.30	14.70	25.37	8.54	2.38	1.42	1.08	8.12	3.88	3.19	0.435	1.21	2.40
			8		9.467	7.431	0.244	52.39	112.50	18.53	34.23	10.87	2.35	1.40	1.07	10.52	4.99	4.10	0.429	1.29	2.44
			10		11.590	9.098	0.244	62.71	140.80	21.96	43.43	13.10	2.33	1.38	1.06	12.79	6.04	4.99	0.423	1.36	2.52
8/5	80	50	5	8	6.375	5.005	0.255	41.96	85.21	12.82	21.06	7.66	2.56	1.42	1.10	7.78	3.32	2.74	0.388	1.14	2.60
			6		7.560	5.935	0.255	49.49	102.53	14.95	25.41	8.85	2.56	1.41	1.08	9.25	3.91	3.20	0.387	1.18	2.65
			7		8.724	6.848	0.255	56.46	119.33	16.96	29.82	10.18	2.54	1.39	1.08	10.58	4.48	3.70	0.384	1.21	2.69
			8		9.867	7.745	0.254	62.83	136.41	18.85	34.32	11.38	2.52	1.38	1.07	11.92	5.03	4.16	0.381	1.25	2.73
9/5.6	90	56	5	9	7.212	5.661	0.287	60.45	121.32	18.32	29.53	10.98	2.90	1.59	1.23	9.92	4.21	3.49	0.385	1.25	2.91
			6		8.557	6.717	0.286	71.03	145.59	21.42	35.58	12.90	2.88	1.58	1.23	11.74	4.96	4.13	0.384	1.29	2.95
			7		9.880	7.756	0.286	81.01	169.60	24.36	41.71	14.67	2.86	1.57	1.22	13.49	5.70	4.72	0.382	1.33	3.00
			8		11.183	8.779	0.286	91.03	194.17	27.15	47.93	16.34	2.85	1.56	1.21	15.27	6.41	5.29	0.380	1.36	3.04

（续）

型号	截面尺寸/mm				截面面积/cm²	理论重量/(kg/m)	外表面积/(m²/m)	惯性矩/cm⁴					惯性半径/cm			截面模数/cm³			tgα	重心距离/cm	
	B	b	d	r				I_x	I_{x1}	I_y	I_{y1}	I_u	i_x	i_y	i_u	W_x	W_y	W_u		X_0	Y_0
10/6.3	100	63	6	10	9.617	7.550	0.320	99.06	199.71	30.94	50.50	18.42	3.21	1.79	1.38	14.64	6.35	5.25	0.394	1.43	3.24
			7		11.111	8.722	0.320	113.45	233.00	35.26	59.14	21.00	3.20	1.78	1.38	16.88	7.29	6.02	0.394	1.47	3.28
			8		12.534	9.878	0.319	127.37	266.32	39.39	67.88	23.50	3.18	1.77	1.37	19.08	8.21	6.78	0.391	1.50	3.32
			10		15.467	12.142	0.319	153.81	333.06	47.12	85.73	28.33	3.15	1.74	1.35	23.32	9.98	8.24	0.387	1.58	3.40
10/8	100	80	6	10	10.637	8.350	0.354	107.04	199.83	61.24	102.68	31.65	3.17	2.40	1.72	15.19	10.16	8.37	0.627	1.97	2.95
			7		12.301	9.656	0.354	122.73	233.20	70.08	119.98	36.17	3.16	2.39	1.72	17.52	11.71	9.60	0.626	2.01	3.0
			8		13.944	10.946	0.353	137.92	266.61	78.58	137.37	40.58	3.14	2.37	1.71	19.81	13.21	10.80	0.625	2.05	3.04
			10		17.167	13.476	0.353	166.87	333.63	94.65	172.48	49.10	3.12	2.35	1.69	24.24	16.12	13.12	0.622	2.13	3.12
11/7	110	70	6	10	10.637	8.350	0.354	133.37	265.78	42.92	69.08	25.36	3.54	2.01	1.54	17.85	7.90	6.53	0.403	1.57	3.53
			7		12.301	9.656	0.354	153.00	310.07	49.01	80.82	28.95	3.53	2.00	1.53	20.60	9.09	7.50	0.402	1.61	3.57
			8		13.944	10.946	0.353	172.04	354.39	54.87	92.70	32.45	3.51	1.98	1.53	23.30	10.25	8.45	0.401	1.65	3.62
			10		17.167	13.476	0.353	208.39	443.13	65.88	116.83	39.20	3.48	1.96	1.51	28.54	12.48	10.29	0.397	1.72	3.70
12.5/8	125	80	7	11	14.096	11.066	0.403	227.98	454.99	74.42	120.32	43.81	4.02	2.30	1.76	26.86	12.01	9.92	0.408	1.80	4.01
			8		15.989	12.551	0.403	256.77	519.99	83.49	137.85	49.15	4.01	2.28	1.75	30.41	13.56	11.18	0.407	1.84	4.06
			10		19.712	15.474	0.402	312.04	650.09	100.67	173.40	59.45	3.98	2.26	1.74	37.33	16.56	13.64	0.404	1.92	4.14
			12		23.351	18.330	0.402	364.41	780.39	116.67	209.67	69.35	3.95	2.24	1.72	44.01	19.43	16.01	0.400	2.00	4.22
14/9	140	90	8	12	18.038	14.160	0.453	365.64	730.53	120.69	195.79	70.83	4.50	2.59	1.98	38.48	17.34	14.31	0.411	2.04	4.50
			10		22.261	17.475	0.452	445.50	913.20	140.03	245.92	85.82	4.47	2.56	1.96	47.31	21.22	17.48	0.409	2.12	4.58
			12		26.400	20.724	0.451	521.59	1 096.09	169.79	296.89	100.21	4.44	2.54	1.95	55.87	24.95	20.54	0.406	2.19	4.66
			14		30.456	23.908	0.451	594.10	1 279.26	192.10	348.82	114.13	4.42	2.51	1.94	64.18	28.54	23.52	0.403	2.27	4.74

（续）

型号	截面尺寸/mm B	b	d	r	截面面积/cm²	理论重量/(kg/m)	外表面积/(m²/m)	惯性矩/cm⁴ I_x	I_{x1}	I_y	I_{y1}	I_u	惯性半径/cm i_x	i_y	i_u	截面模数/cm³ W_x	W_y	W_u	tgα	重心距离/cm X_0	Y_0
15/9	150	90	8	12	18.839	14.788	0.473	442.05	898.35	122.80	195.96	74.14	4.84	2.55	1.98	43.86	17.47	14.48	0.364	1.97	4.92
			10		23.261	18.260	0.472	539.24	1 122.85	148.62	246.26	89.86	4.81	2.53	1.97	53.97	21.38	17.69	0.362	2.05	5.01
			12		27.600	21.666	0.471	632.08	1 347.50	172.85	297.46	104.95	4.79	2.50	1.95	63.79	25.14	20.80	0.359	2.12	5.09
			14		31.856	25.007	0.471	720.77	1 572.38	195.62	349.74	119.53	4.76	2.48	1.94	73.33	28.77	23.84	0.356	2.20	5.17
			15		33.952	26.652	0.471	763.62	1 684.93	206.50	376.33	126.67	4.74	2.47	1.93	77.99	30.53	25.33	0.354	2.24	5.21
			16		36.027	28.281	0.470	805.51	1 797.55	217.07	403.24	133.72	4.73	2.45	1.93	82.60	32.27	26.82	0.352	2.27	5.25
16/10	160	100	10	13	23.315	19.872	0.512	668.69	1 362.89	205.03	336.59	121.74	5.14	2.85	2.19	62.13	26.56	21.92	0.390	2.28	5.24
			12		30.054	23.592	0.511	784.91	1 635.56	239.06	405.94	142.33	5.11	2.82	2.17	73.49	31.28	25.79	0.388	2.36	5.32
			14		34.709	27.247	0.510	896.30	1 908.50	271.20	476.42	162.23	5.08	2.80	2.16	84.56	35.83	29.56	0.385	2.43	5.40
			16		39.281	30.835	0.510	1 003.04	2 181.79	301.60	548.22	182.57	5.05	2.77	2.16	95.33	40.24	33.44	0.382	2.51	5.48
18/11	180	110	10	14	28.373	22.273	0.571	956.25	1 940.40	278.11	447.22	166.50	5.80	3.13	2.42	78.96	32.49	26.88	0.376	2.44	5.89
			12		33.712	26.440	0.571	1 124.72	2 328.38	325.03	538.94	194.87	5.78	3.10	2.40	93.53	38.32	31.66	0.374	2.52	5.98
			14		38.967	30.589	0.570	1 286.91	2 716.60	369.55	631.95	222.30	5.75	3.08	2.39	107.76	43.97	36.32	0.372	2.59	6.06
			16		44.139	34.649	0.569	1 443.06	3 105.15	411.85	726.46	248.94	5.72	3.06	2.38	121.64	49.44	40.87	0.369	2.67	6.14
20/12.5	200	125	12	14	37.912	29.761	0.641	1 570.90	3 193.85	483.16	787.74	285.79	6.44	3.57	2.74	116.73	49.99	41.23	0.392	2.83	6.54
			14		43.687	34.436	0.640	1 800.97	3 726.17	550.83	922.47	326.58	6.41	3.54	2.73	134.65	57.44	47.34	0.390	2.91	6.62
			16		49.739	39.045	0.639	2 023.35	4 258.86	615.44	1 058.86	366.21	6.38	3.52	2.71	152.18	64.89	53.32	0.388	2.99	6.70
			18		55.526	43.588	0.639	2 238.30	4 792.00	677.19	1 197.13	404.83	6.35	3.49	2.70	169.33	71.74	59.18	0.385	3.06	6.78

注：截面图中的 $r_1 = 1/3d$ 及表中 r 的数据用于孔型设计，不做交货条件。

表 B-3　热轧普通槽钢

符号意义：

h——高度
b——腿宽
d——腰厚
t——平均腿厚
r——内圆弧半径
r₁——腿端圆弧半径
I——惯性矩
W——截面模数
Z₀——Y-Y 与 Y₁-Y₁ 轴线间距离

斜度1:10

型号	截面尺寸/mm						截面面积 /cm²	理论重量 /(kg/m)	惯性矩 /cm⁴			惯性半径 /cm		截面模数 /cm³		重心距离 /cm
	h	b	d	t	r	r_1			I_x	I_y	I_{y1}	i_x	i_y	W_x	W_y	Z_0
5	50	37	4.5	7.0	7.0	3.5	6.928	5.438	26.0	8.30	20.9	1.94	1.10	10.4	3.55	1.35
6.3	63	40	4.8	7.5	7.5	3.8	8.451	6.634	50.8	11.9	28.4	2.45	1.19	16.1	4.50	1.36
6.5	65	40	4.3	7.5	7.5	3.8	8.547	6.709	55.2	12.0	28.3	2.54	1.19	17.0	4.59	1.38
8	80	43	5.0	8.0	8.0	4.0	10.248	8.045	101	16.6	37.4	3.15	1.27	25.3	5.79	1.43
10	100	48	5.3	8.5	8.5	4.2	12.748	10.007	198	25.6	54.9	3.95	1.41	39.7	7.80	1.52
12	120	53	5.5	9.0	9.0	4.5	15.362	12.059	346	37.4	77.7	4.75	1.56	57.7	10.2	1.62
12.6	126	53	5.5	9.0	9.0	4.5	15.692	12.318	391	38.0	77.1	4.95	1.57	62.1	10.2	1.59
14a	140	58	6.0	9.5	9.5	4.8	18.516	14.535	564	53.2	107	5.52	1.70	80.5	13.0	1.71
14b	140	60	8.0	9.5	9.5	4.8	21.316	16.733	609	61.1	121	5.35	1.69	87.1	14.1	1.67

（续）

型号	截面尺寸/mm						截面面积 /cm²	理论重量 /(kg/m)	惯性矩 /cm⁴			惯性半径 /cm		截面模数 /cm³		重心距离 /cm
	h	b	d	t	r	r_1			I_x	I_y	I_{y1}	i_x	i_y	W_x	W_y	Z_0
16a	160	63	6.5	10.0	10.0	5.0	21.962	17.24	866	73.3	144	6.28	1.83	108	16.3	1.80
16b	160	65	8.5	10.0	10.0	5.0	25.162	19.752	935	83.4	161	6.10	1.82	117	17.6	1.75
18a	180	68	7.0	10.5	10.5	5.2	25.699	20.174	1270	98.6	190	7.04	1.96	141	20.0	1.88
18b	180	70	9.0	10.5	10.5	5.2	29.299	23.000	1370	111	210	6.84	1.95	152	21.5	1.84
20a	200	73	7.0	11.0	11.0	5.5	28.837	22.637	1780	128	244	7.86	2.11	178	24.2	2.01
20b	200	75	9.0	11.0	11.0	5.5	32.837	25.777	1910	144	268	7.64	2.09	191	25.9	1.95
22a	220	77	7.0	11.5	11.5	5.8	31.846	24.999	2390	158	298	8.67	2.23	218	28.2	2.10
22b	220	79	9.0	11.5	11.5	5.8	36.246	28.453	2570	176	326	8.42	2.21	234	30.1	2.03
24a	240	78	7.0	12.0	12.0	6.0	34.217	26.860	3050	174	325	9.45	2.25	254	30.5	2.10
24b	240	80	9.0	12.0	12.0	6.0	39.017	30.628	3280	194	355	9.17	2.23	274	32.5	2.03
24c	240	82	11.0	12.0	12.0	6.0	43.817	34.396	3510	213	388	8.96	2.21	293	34.4	2.00
25a	250	78	7.0	12.0	12.0	6.0	34.917	27.410	3370	176	322	9.82	2.24	270	30.6	2.07
25b	250	80	9.0	12.0	12.0	6.0	39.917	31.335	3530	196	353	9.41	2.22	282	32.7	1.98
25c	250	82	11.0	12.0	12.0	6.0	44.917	35.260	3690	218	384	9.07	2.21	295	35.9	1.92

（续）

型号	截面尺寸/mm						截面面积/cm²	理论重量/(kg/m)	惯性矩/cm⁴			惯性半径/cm		截面模数/cm³		重心距离/cm
	h	b	d	t	r	r_1			I_x	I_y	I_{y1}	i_x	i_y	W_x	W_y	Z_0
27a	270	82	7.5	12.5	12.5	6.2	39.284	30.838	4 360	216	393	10.5	2.34	323	35.5	2.13
27b		84	9.5				44.684	35.077	4 690	239	428	10.3	2.31	347	37.7	2.06
27c		86	11.5				50.084	39.316	5 020	261	467	10.1	2.28	372	39.8	2.03
28a	280	82	7.5	12.5	12.5	6.2	40.034	31.427	4 760	218	388	10.9	2.33	340	35.7	2.10
28b		84	9.5				45.634	35.823	5 130	242	428	10.6	2.30	366	37.9	2.02
28c		86	11.5				51.234	40.219	5 500	268	463	10.4	2.29	393	40.3	1.95
30a	300	85	7.5	13.5	13.5	6.8	43.902	34.463	6 050	260	467	11.7	2.43	403	41.1	2.17
30b		87	9.5				49.902	39.173	6 500	289	515	11.4	2.41	433	44.0	2.13
30c		89	11.5				55.902	43.883	6 950	316	560	11.2	2.38	463	46.4	2.09
32a	320	88	8.0	14.0	14.0	7.0	48.513	38.083	7 600	305	552	12.5	2.50	475	46.5	2.24
32b		90	10.0				54.913	43.107	8 140	336	593	12.2	2.47	509	49.2	2.16
32c		92	12.0				61.313	48.131	8 690	374	643	11.9	2.47	543	52.6	2.09
36a	360	96	9.0	16.0	16.0	8.0	60.910	47.814	11 900	455	818	14.0	2.73	660	63.5	2.44
36b		98	11.0				68.110	53.466	12 700	497	880	13.6	2.70	703	66.9	2.37
36c		100	13.0				75.310	59.118	13 400	536	948	13.4	2.67	746	70.0	2.34
40a	400	100	10.5	18.0	18.0	9.0	75.068	58.928	17 600	592	1070	15.3	2.81	879	78.8	2.49
40b		102	12.5				83.068	65.208	18 600	640	114	15.0	2.78	932	82.5	2.44
40c		104	14.5				91.068	71.488	19 700	688	1220	14.7	2.75	986	86.2	2.42

注：表中r、r_1的数据用于孔型设计，不作交货条件。

表 B-4　热轧普通工字钢

符号意义：
h——高度
b——腿宽
d——腰厚
t——平均腿厚
r——内圆弧半径
r₁——腿端圆弧半径
I——惯性矩
W——截面模数
i——惯性半径

型号	截面尺寸/mm						截面积/cm²	理论重量/(kg/m)	惯性矩/cm⁴		惯性半径/cm		截面模数/cm³	
	h	b	d	t	r	r_1			I_x	I_y	i_x	i_y	W_x	W_y
10	100	68	4.5	7.6	6.5	3.3	14.345	11.261	245	33.0	4.14	1.52	49.0	9.72
12	120	74	5.0	8.4	7.0	3.5	17.818	13.987	436	46.9	4.95	1.62	72.7	12.7
12.6	126	74	5.0	8.4	7.0	3.5	18.118	14.223	488	46.9	5.20	1.61	77.5	12.7
14	140	80	5.5	9.1	7.5	3.8	21.516	16.890	712	64.4	5.76	1.73	102	16.1
16	160	88	6.0	9.9	8.0	4.0	26.131	20.513	1 130	93.1	6.58	1.89	141	21.2
18	180	94	6.5	10.7	8.5	4.3	30.756	24.143	1 660	122	7.36	2.00	185	26.0
20a	200	100	7.0	11.4	9.0	4.5	35.578	27.929	2 370	158	8.15	2.12	237	31.5
20b	200	102	9.0	11.4	9.0	4.5	39.578	31.069	2 500	169	7.96	2.06	250	33.1
22a	220	110	7.5	12.3	9.5	4.8	42.128	33.070	3 400	225	8.99	2.31	309	40.9
22b	220	112	9.5	12.3	9.5	4.8	46.528	36.524	3 570	239	8.78	2.27	325	42.7

（续）

型号	截面尺寸/mm						截面面积/cm²	理论重量/(kg/m)	惯性矩/cm⁴		惯性半径/cm		截面模数/cm³	
	h	b	d	t	r	r_1			I_x	I_y	i_x	i_y	W_x	W_y
24a	240	116	8.0	13.0	10.0	5.0	47.741	37.477	4 570	280	9.77	2.42	381	48.4
24b		118	10.0				52.541	41.245	4 800	297	9.57	2.38	400	50.4
25a	250	116	8.0				48.541	38.105	5 020	280	10.2	2.40	402	48.3
25b		118	10.0				53.541	42.030	5 280	309	9.94	2.40	423	52.4
27a	270	122	8.5	13.7	10.5	5.3	54.554	42.825	6 550	345	10.9	2.51	485	56.6
27b		124	10.5				59.954	47.064	6 870	366	10.7	2.47	509	58.9
28a	280	122	8.5				55.404	43.492	7 110	345	11.3	2.50	508	56.6
28b		124	10.5				61.004	47.888	7 480	379	11.1	2.49	534	61.2
30a	300	126	9.0	14.4	11.0	5.5	61.254	48.084	8 950	400	12.1	2.55	597	63.5
30b		128	11.0				67.254	52.794	9 400	422	11.8	2.50	627	65.9
30c		130	13.0				73.254	57.504	9 850	445	11.6	2.46	657	68.5
32a	320	130	9.5	15.0	11.5	5.8	67.156	52.717	11 100	460	12.8	2.62	692	70.8
32b		132	11.5				73.556	57.741	11 600	502	12.6	2.61	726	76.0
32c		134	13.5				79.956	62.765	12 200	544	12.3	2.61	760	81.2
36a	360	136	10.0	15.8	12.0	6.0	76.480	60.037	15 800	552	14.4	2.69	875	81.2
36b		138	12.0				83.680	65.689	16 500	582	14.1	2.64	919	84.3
36c		140	14.0				90.880	71.341	17 300	612	13.8	2.60	962	87.4

（续）

型号	h	b	d	t	r	r_1	截面面积 /cm²	理论重量 /(kg/m)	I_x /cm⁴	I_y /cm⁴	i_x /cm	i_y /cm	W_x /cm³	W_y /cm³
40a	400	142	10.5	16.5	12.5	6.3	86.112	67.598	21 700	660	15.9	2.77	1 090	93.2
40b		144	12.5	16.5	12.5	6.3	94.112	73.878	22 800	692	15.6	2.71	1 140	96.2
40c		146	14.5	16.5	12.5	6.3	102.112	80.158	23 900	727	15.2	2.65	1 190	99.6
45a	450	150	11.5	18.0	13.5	6.8	102.446	80.420	32 200	855	17.7	2.89	1 430	114
45b		152	13.5	18.0	13.5	6.8	111.446	87.485	33 800	894	17.4	2.84	1 500	118
45c		154	15.5	18.0	13.5	6.8	120.446	94.550	35 300	938	17.1	2.79	1 570	122
50a	500	158	12.0	20.0	14.0	7.0	119.304	93.654	46 500	1 120	19.7	3.07	1 860	142
50b		160	14.0	20.0	14.0	7.0	129.304	101.504	48 600	1 170	19.4	3.01	1 940	146
50c		162	16.0	20.0	14.0	7.0	139.304	109.354	50 600	1 220	19.0	2.96	2 080	151
55a	550	166	12.5	21.0	14.5	7.3	134.185	105.335	62 900	1 370	21.6	3.19	2 290	164
55b		168	14.5	21.0	14.5	7.3	145.185	113.970	65 600	1 420	21.2	3.14	2 390	170
55c		170	16.5	21.0	14.5	7.3	156.185	122.605	68 400	1 480	20.9	3.08	2 490	175
56a	560	166	12.5	21.0	14.5	7.3	135.435	106.316	65 600	1 370	22.0	3.18	2 340	165
56b		168	14.5	21.0	14.5	7.3	146.635	115.108	68 500	1 490	21.6	3.16	2 450	174
56c		170	16.5	21.0	14.5	7.3	157.835	123.900	71 400	1 560	21.3	3.16	2 550	183
63a	630	176	13.0	22.0	15.0	7.5	154.658	121.407	93 900	1 700	24.5	3.31	2 980	193
63b		178	15.0	22.0	15.0	7.5	167.258	131.298	98 100	1 810	24.2	3.29	3 160	204
63c		180	17.0	22.0	15.0	7.5	179.858	141.189	102 000	1 920	23.8	3.27	3 300	214

注：表中 r、r_1 的数据用于孔型设计，不作交货条件。

参 考 文 献

[1] 哈尔滨工业大学理论力学教研室．理论力学 [M]．北京：高等教育出版社，2002．
[2] 王永岩．理论力学 [M]．北京：科学出版社，2007．
[3] 铁摩辛柯，盖尔．材料力学 [M]．胡人礼，译．北京：科学出版社，1978．
[4] 刘鸿文．材料力学 [M]．北京：高等教育出版社，2004．
[5] 上海化工学院，无锡轻工业学院．工程力学：上册 [M]．北京：高等教育出版社，1978．
[6] 范钦珊．工程力学（静力学和材料力学）[M]．北京：机械工业出版社，2002．
[7] 周松鹤，徐烈烜．工程力学 [M]．北京：机械工业出版社，2007．
[8] 西南交通大学应用力学与工程系．工程力学教程 [M]．北京：高等教育出版社，2004．
[9] 贾启芬，李昀泽，刘习军，等．工程力学 [M]．天津：天津大学出版社，2003．
[10] 冯维明．工程力学 [M]．北京：国防工业出版社，2003．
[11] 梅凤翔．工程力学 [M]：上册．北京：高等教育出版社，2003．
[12] 范钦珊．工程力学 [M]．北京：清华大学出版社，2005．
[13] 张定华．工程力学（少学时）[M]．北京：高等教育出版社，2005．
[14] 薛明德．力学与工程技术的进步 [M]．北京：高等教育出版社，2001．
[15] 杨国义，唐明，柳艳杰．材料力学 [M]．北京：中国计量出版社，2007．
[16] 北京科技大学，东北大学．工程力学 [M]．北京：高等教育出版社，1997．
[17] 白象忠．材料力学 [M]．北京：科学出版社，2007．
[18] 同济大学航空航天与力学学院基础力学教学研究部．材料力学 [M]．上海：同济大学出版社，2005．
[19] 金康宁，谢群丹．材料力学 [M]．北京：北京大学出版社，2006．
[20] 王永岩，孙双双，刘文秀，等．工程力学 [M]．北京：科学出版社，2010．
[21] 赵关康，张国民．工程力学简明教程 [M]．北京：机械工业出版社，2010．
[22] 景荣春．工程力学简明教程 [M]．北京：清华大学出版社，2007．
[23] 现代交通远程教育教材编委会．工程力学 [M]．北京：清华大学出版社，2005．
[24] 王虎．工程力学 [M]．西安：西北工业大学出版社，2000．
[25] 赵关康．工程力学简明教程 [M]．北京：机械工业出版社，2006．